ファースト
ステップ

マルチメディア

今井崇雅 著

近代科学社

◆ 読者の皆さまへ ◆

平素より，小社の出版物をご愛読くださいまして，まことに有り難うございます．

㈱近代科学社は 1959 年の創立以来，微力ながら出版の立場から科学・工学の発展に寄与すべく尽力してきております．それも，ひとえに皆さまの温かいご支援があってのものと存じ，ここに衷心より御礼申し上げます．

なお，小社では，全出版物に対して HCD（人間中心設計）のコンセプトに基づき，そのユーザビリティを追求しております．本書を通じまして何かお気づきの事柄がございましたら，ぜひ以下の「お問合せ先」までご一報くださいますよう，お願いいたします．

お問合せ先：reader@kindaikagaku.co.jp

なお，本書の制作には，以下が各プロセスに関与いたしました：

- 企画：山口幸治
- 編集：山口幸治，高山哲司，安原悦子
- 組版：DTP ／加藤文明社
- 印刷：加藤文明社
- 製本：加藤文明社
- 資材管理：加藤文明社
- 広報宣伝・営業：山口幸治，冨高琢磨，東條風太

本書に記載されている会社名・製品名等は，一般に各社の登録商標または商標です．本文中の ©，®，™ 等の表示は省略しています．

- 本書の複製権・翻訳権・譲渡権は株式会社近代科学社が保有します．
- **JCOPY** 〈(社)出版者著作権管理機構 委託出版物〉
  本書の無断複写は著作権法上での例外を除き禁じられています．
  複写される場合は，そのつど事前に(社)出版者著作権管理機構
  （電話 03-3513-6969，FAX 03-3513-6979，e-mail: info@jcopy.or.jp）の
  許諾を得てください．

本書について

　本シリーズは、コンピュータを初めて本格的に学ぶ大学生を対象にしたものです。シリーズの中で、本書はコンピュータに関する入門学修が終わり、マルチメディアに関する基礎知識を学ぼうとする学生の皆さんを対象としています。学修のポイントを容易に理解できるように、特に次の3点に留意しています。

- 　・厳密さより、ポイントの理解しやすさに重点
- 　・説明文のみならず、図解を多用
- 　・音、映像、文字情報の符号化とその基礎知識に重点

　本書の構成は大学の1セメスター、14～15回の授業で学べる内容になっています。原則として1節の内容を1回の授業で学べるように、各章の量をおおむね均等にしています。章の構成についても、次のような工夫をしています。

■各章の構成とねらい

・学修ポイントと動機付け

　各章は教師と学生の対話から始まっています。対話により、この章の学修の重要性を伝え、動機付けを行っています。またこの章の学修のポイントを、「この章で学ぶこと」の欄に明記しています。

・見出しの階層化と重要項目の明確化

　できるだけ多くの見出しを階層的に付けることで、そこで何を説明しているのかという見通しをよくしました。また、それぞれの箇所でのポイントが一目瞭然になるように重要部分を色付けして説明しています。さらに、本文では技術的な内容（What）を網羅的に説明するのではなく、そこに記された内容の学修がなぜ必要なのか（Why）といった説明を加えることで、納得できる解説になるよう配慮しました。

・側注の活用

　できるだけ本文は簡潔にし、図解や具体例を多用することで、わかりやすい内容になるように配慮しました。発

展的な内容や補足的な内容は側注で解説していますの
で、側注も注目してください。

・章のまとめ

各章の終わりに、その章で必ず覚えてほしい内容をまと
めて示し、ポイントの明確化を図りました。授業の終わ
りの「まとめ」に利用していただけるように配慮しました。

・練習問題

各章のポイントの理解を確かなものにするために、章末
に練習問題を掲載しました。ここに示した問題は、応用
力を測るものではなく、あくまでも、章の最初の「この
章で学ぶこと」で示した内容の理解を確かめるものと
なっています。確実に解けるように努め、学修成果を確
実なものとしてください。

　私たちは、パソコンやスマートフォンをはじめ"マルチメ
ディア"を活用した装置、システム、サービスに囲まれて生
活しています。たとえば世界各国の動画ニュースをはじめ数
多くの情報をリアルタイムに得られることも当たり前のこと
となっています。これらの装置、システム、サービスのどこ
でどのような"マルチメディア"のしくみが使われているか
を、皆さん自身が図を用いて説明できることを目指して学修
してください。そして"マルチメディア"のしくみを活用し
て、社会や生活の中で快適に活動できる場を自由自在に広げ
て頂けるようになれば、著者としてこれ以上の喜びはありま
せん。

　最後に、本書出版の機会を与えていただいた近代科学社小
山透社長と元大阪成蹊大学教授の國友義久先生、このシリー
ズ出版プロジェクトを精力的に引っ張っていただいたプロ
ジェクトリーダの山口幸治氏、ディジタル画像加工に協力い
ただいた神奈川大学井手勇介助教に感謝の意を表します。

2017 年 9 月

今井崇雅

目 次

はじめに ………………………………………………………………………… vi

第1章 "マルチメディア"をのぞいてみよう　1

1.1 マルチメディアとは何か ………… 2
　A 情報とは何か ………………… 2
　B 情報の保存・伝達方法の移り変わり ……………………………… 2
　C メディア …………………… 6
　D マルチメディア …………… 6
　E アナログ情報 ……………… 8
　F ディジタル情報 …………… 9
1.2 マルチメディアを作ろう …… 10
　A アナログ・ディジタル変換 … 10

　B 標本化 …………………… 11
　C 量子化 …………………… 12
　D 符号化 …………………… 13
　E アナログ・ディジタル変換のまとめ ………………………… 14
　F パルス符号変調 ………… 16
　G 各種2進符号 …………… 17
　H 情報量の表し方 ………… 18
　練習問題 …………………… 21

第2章 "音"を符号化しよう　23

2.1 音を観察してみよう ………… 24
　A 音の符号化 ………………… 24
　B 周期・周波数 ……………… 25
　C 周波数スペクトル ………… 29
2.2 音を符号に変換してみよう … 30
　A 標本化周波数 ……………… 30

　B 標本化定理 ……………… 31
　C 音の標本化 ……………… 33
　D 音の量子化、符号化 …… 34
　E ステレオ音声・音楽 …… 36
　F 音の情報量の計算 ……… 37
　練習問題 …………………… 40

第3章 きれいな"音"を符号化しよう　41

3.1 高能率符号化(1) …………… 42
　A 高能率符号化 ……………… 42
　B 差分パルス符号変調(DPCM) … 43
　C 予測符号化 ………………… 46
　D エントロピー符号化 ……… 49
　E ハフマン符号化 …………… 50

3.2 高能率符号化(2) …………… 52
　A 最小可聴値 ……………… 52
　B マスキング効果 ………… 53
　C 分析合成符号化 ………… 55
　D 線形量子化と非線形量子化 … 56
　E 非線形量子化を用いた高能率符号化 ……………………… 57
　練習問題 …………………… 63

第4章　"静止画像"を符号化しよう　　65

4.1 静止画像を符号化しよう ───── 66
- A 画素 ─────────────────── 66
- B 画像情報の符号化 ───────── 68
- C 空間周波数 ──────────── 73
- D 空間周波数を用いた標本化間隔
  の決め方 ─────────────── 74
- E 標本点の配列 ───────────── 76
- F シーケンシャル符号化 ──────── 77
- G プログレッシブ符号化 ──────── 78
- H 階調数・Nビット階調 ───────── 79
- I 解像度・所要画素数 ────────── 81
- J カラー画像 ──────────────── 82

- K 静止画像の情報量 ───────── 83

4.2 静止画像を高能率符号化しよう (1) ─── 84
- A 感度差を利用した高能率符号化法 ── 84
- B 予測符号化 ───────────── 86
- C エントロピー符号化 ───────── 86

4.3 静止画像を高能率符号化しよう (2)
～ JPEG ～ ──────────── 87
- A JPEG の特徴 ──────────── 87
- B 符号化の手順 ───────────── 88
- C 量子化テーブル ───────────── 95
- D プログレッシブ符号化への適用 ── 95

練習問題 ─────────────── 100

第5章　"動画像"を符号化しよう　　103

5.1 動画像を符号化しよう ───── 104
- A 動画像の標本化 ───────── 104
- B 仮動運動・残像効果 ──────── 105
- C インタレーススキャン ──────── 105
- D プログレッシブスキャン ───── 107
- E 動画像の情報量 ───────── 108

5.2 動画像を高能率符号化しよう ─── 109
- A 動画像の高能率符号化例
  ～ MPEG ～ ─────────── 109
- B フレーム間差分 ───────── 110
- C 動き補償フレーム間予測 ───── 112
- D 動き補償フレーム間予測データ
  の送信順 ────────────── 113

練習問題 ─────────────── 117

第6章　"文字"を符号化しよう　　119

6.1 いろいろな文字の符号化方法 ── 120
- A 正の整数の符号化 ───────── 120
- B 負の整数の符号化 ───────── 121
- C その他の数の符号化 ──────── 123

- D 英数字の符号化 ───────── 123
- E かな、漢字の符号化 ──────── 125

練習問題 ─────────────── 127

第7章 ディジタル信号の品質　129

7.1 品質評価の基礎知識 ……… 130
　A 符号誤り率 ……………………… 130
　B 雑音 ……………………………… 131
　C 確率 ……………………………… 133
　D 確率密度 ………………………… 134
　E 量子化雑音 ……………………… 136
　F 量子化雑音電力 ………………… 137

7.2 品質評価方法 ………………… 141
　A 信号対雑音比 …………………… 141
　B 符号誤り率の計算例 …………… 143
　C 符号誤り率と信号対雑音比の関係 · 144
　D 符号誤り検出・符号誤り訂正 … 145
　練習問題 …………………………… 148

第8章 マルチメディアのこれから　149

**8.1 幅広い分野で活躍するマルチメ
ディア** ………………………… 150
　A 携帯端末とディジタル情報 · 150
　B 家電とディジタル情報 ……… 152
　C 自動車とディジタル情報 …… 153

　D 医療とディジタル情報 ……… 153
　E 災害とディジタル情報 ……… 154
　F 各種産業とディジタル情報 · 154
　練習問題 ………………………… 157

練習問題解答 ……………………… 158
参考図書 …………………………… 165
索引 ………………………………… 166

はじめに

教師：パソコンの中で、どういう情報が使われているか知っていますか。

学生：確か"1"とか"0"とかの符号だったと思います。

教師：そうですね。ではどうして"1"とか"0"の符号をあつかっているPCが音楽を流したり、動画を映したりできるかはわかりますか。

学生：それをこの講義で学びたいと考えています。

教師：いろいろなことを知ろうというのはいいことですね。毎回学ぶたび、学んだことを周りの学生に説明できる程度まで、理解するように心がけてください。そうすればすべての講義が終わったときに、今質問したようなことをあなた自身で説明できるようになります。では、学修を始めましょう。

第1章

"マルチメディア"を のぞいてみよう

教師：いいパソコンを持っていますね。どこで買ったのですか？

学生：駅前の家電量販店のマルチメディアコーナーにありました。

教師：そうですか。その"マルチメディア"って、何でしょうか。

学生：(……しまった。マルチメディアと言わなければよかった……)

教師：では、"メディア"なら、わかりますか？

学生：ネットで検索すると……、"媒体"とありました。CDやDVD、新聞など……。でもどこか、つかみどころがなくて……。それをもう少し詳しく知りたくてこの講義を受講することにしました。

教師：そうですね。この章ではまずメディアの話から始めましょう。

この章で学ぶこと

1. 情報、メディア、マルチメディア、とは何かを知る。
2. 各種メディアを用いた情報の伝達・保存手段を理解する。
3. マルチメディアを用いた情報の伝達・保存手段を理解する。
4. 伝達・保存する情報量を表す主な単位を知る。

第 1 章 ● ──── "マルチメディア"をのぞいてみよう

1.1 マルチメディアとは何か

Ⓐ 情報とは何か

本書ではマルチメディアに関するいろいろな言葉が出てきます。出てくるたびに言葉とその意味を覚えましょう。最初は"情報"です。

> ● 情報とは、「知らせ」、「知ることで役立つもの」です。

たとえば、次のような例が挙げられます。

（ア）"明日の天気は……"という「知らせ」があると、翌朝傘が必要かどうか判断するのに役立ちます。

（イ）"緊急地震速報"の「知らせ」があると、地震から身を守るのに役立ちます。

（ウ）"手が熱い"という「知らせ」が伝わると、人は筋肉を動かして手をやけどから守るのに役立ちます。

（ア）は天気予報で伝えられる"明日の天気"、（イ）はテレビやインターネット経由で伝えられる"緊急地震速報"、（ウ）は神経系を通して伝えられる"手が熱いと感じていること"、これらが情報の例です。これらの例でもわかるとおり、**情報**は、「知らせ、知ることで役立つもの」といえます。

Ⓑ 情報の保存・伝達方法の移り変わり

> ● 情報の伝達は、まず「少人数への伝達」から始まり、やがて「多人数への伝達」も行われるようになった。
> ● 少人数への伝達手段は、音や画像⇒言葉⇒文字、の順に始まった。
> ● 多人数への伝達手段は、文字⇒音（言葉など）⇒画像、の順に始まった。

情報とマルチメディアの関係を理解する前に、まず人の歴史のなかで"情報"の伝達方法がどのように移り変わってきたかをたどってみよう。

2

ⓐ ことばの出現以前の情報伝達

人は情報を伝えたいとき、図 1.1 のように**叫び声**や**身ぶり**や**手ぶり**などを使いました。

図 1.1　身振り手振りによる情報伝達

ⓑ ことばによる情報伝達

ことばの出現で、図 1.2 のように一度により多くの人に、より多くの情報を伝えられるようになりました。

図 1.2　ことばによる情報伝達

ⓒ 文字による情報伝達

文字を使えるようになると、情報伝達の時間的・空間的な制約がなくなりました。たとえば、遠くインドで発祥した仏教が 6 世紀に日本に伝来しました。これは"非常に遠い距離"という空間的な制約を文字の使用で乗り越えて情報が伝わった例です。また紀元前に発祥した仏教が"約千年間"という時間的制約を文字の使用で乗り越えて、6 世紀の日本人に伝わったともいえます（図 1.3）。

図 1.3　文字による情報伝達

d　印刷物による情報伝達

印刷機器の発明によって**文字情報**を容易に複製できるようになりました[1]。このため、**新聞**や**雑誌**などで、情報を**多くの人**が容易に共有できるようになりました（図 1.4）。

図 1.4　新聞・雑誌による情報伝達

e　電気信号による音情報の伝達

電気信号による音情報の伝達には、次のような技術を用いています。

・伝えたい音を電気信号へ変換する技術、電気信号から音へ戻す変換技術
・電気信号を**遠方まで届ける技術**
・電気信号を**記録する技術**

これらの技術の進展により、図 1.5 のようにラジオなどを使って声をはじめとした**音情報**を遠くにいる多数の人に同時に伝えることができるようになりました。これにより音情報の伝達も時間的・空間的な

---

[1] それまでは欲しい本を書き写していました。これを写本といいます。

制約がなくなったといえます。

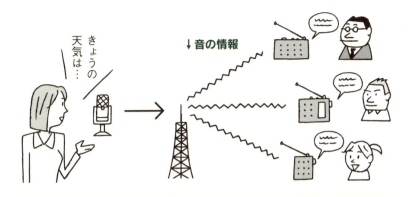

図1.5 ラジオによる情報伝達

❻ 電気信号による映像情報の伝達

電気信号による映像情報の伝達には、次のような技術を用いています。

・伝えたい映像から電気信号への**変換技術**、電気信号から映像へ戻す変換技術
・大容量の電気信号を遠方まで**届ける技術**
・大容量の電気信号を**保存する技術**

これらの進展により、テレビなどを使って**映像情報**を遠くに送ることができるようになりました。映像情報の伝達にも時間的・空間的な制約がなくなったといえます。

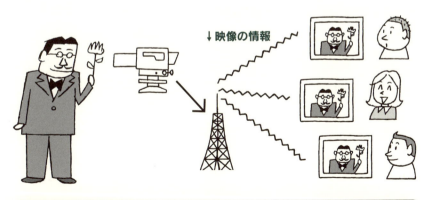

図1.6 テレビによる映像情報伝達

❿ 電気信号による音情報、映像情報、文字情報の一括伝達

副項❻の時代にはラジオ放送はラジオ、テレビ放送はテレビ、というように別の機器を用いていました。これに対し、現在はパソコンやスマートフォンなど**1つの情報機器**で、ラジオ放送やテレビ放送の音楽や動画の情報を得ることもでき、インターネットなどを通したメールや会話（電話）による情報のやり取りもできるようになりました。

C メディア

> ● メディアとは、情報を伝達・記録・保管するために使う "もの"や "装置" のことです。

人が情報を得るときに用いている音声、文字が**メディア**です。また前節に示した新聞、書籍などの印刷物、ラジオ、テレビなど一度に多数の人に情報を伝えられる**メディア**を**マスメディア**といいます。

伝達に使う**メディア**の例としては、上記の新聞、ラジオ、テレビ、記録・保管する**メディア**の例としては、CD、DVD、Blu-ray Disc、ハードディスクが挙げられます。

D マルチメディア

> ● マルチメディアとは、文字、音声、映像など複数の種類の情報を、ひとまとめにして扱うメディアのことです。
> ● ディジタルメディアとは、符号化された数字列の伝達に使われるメディアのことです[2]。
> ● マルチメディアには、ディジタルメディアが使われます。

従来、文字、音声、映像などは、図 1.7 に示した新聞、電報、電話、ラジオ、テレビといった個別のメディアで記録・保管・伝達していました。これに対し副項❿で示したスマートフォンのように、文字、音声、映像、動画など複数の種類の情報を、ひとまとめにして扱えるメディアが**マルチメディア**です。

2
符号化については、1.2.D を参照してください。

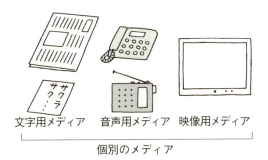

図 1.7　情報伝達に使われる個別メディアの例

またこの複数の種類の情報をひとまとめにするために使われたのが**アナログ・ディジタル変換**[3]という技術です。アナログ・ディジタル変換は、図 1.8 のように多種多様な情報を数字列の情報に置き換えます。アナログ・ディジタル変換された数字列の伝達・保管に使われるメディアを**ディジタルメディア**といいます。多くのディジタルメディアは "0" と "1" の数字列の記録・保管・伝達を行います。ディジタルメディアを用いることにより、図 1.9 のように文字、音声、映像など複数の種類の情報をひとまとめに扱えるようになりました。

[3] アナログという言葉の意味は 1.1.E、ディジタルという言葉の意味は、1.1.F を参照してください。

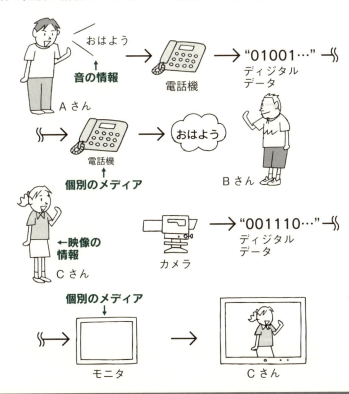

図 1.8　個別メディアによる "0" と "1" の数字列伝達例

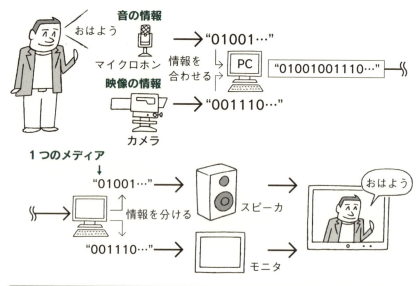

図1.9　マルチメディアによる"0"と"1"の数字列伝達例

E　アナログ情報

●アナログ情報とは、連続的に変化する情報のことです。

　文字、音声、映像といった私たちの身の回りの情報には、アナログ情報とディジタル情報とがあります。このうち**アナログ情報**とは連続的に変化する情報のことです。アナログ情報の表現に用いられるのが**アナログ信号**です。通常アナログ信号は電圧などの物理量で表現されます。

ⓐ　アナログ情報の例

【例1-1】「時刻」の情報

　アナログ時計は、時計の"針の位置"という連続的に変化する情報で時刻を表します。

【例1-2】「音」の情報

　糸電話は糸が震えることで音が伝わります。通常の会話では、図1.10のように空気が震えることで音が伝わります。このような音の"震え"は**アナログ情報**です。

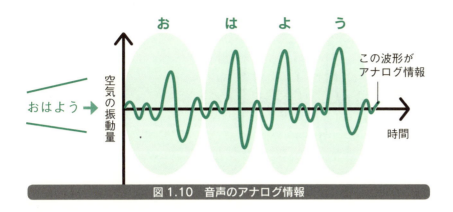
図 1.10　音声のアナログ情報

F　ディジタル情報

●ディジタル情報とは、数字、英字、記号など、離散的な（不連続な）形で表した情報です。

ディジタル情報とは、数字、英字、記号など離散的な（不連続な）形で表した情報です。ディジタル情報の表現に用いられるのが**ディジタル信号**です。

ⓐ　ディジタル情報の例

【例 1-3】「時刻」の情報

ディジタル時計では、"数値"という不連続な情報で時刻を表します。前項のアナログ時計と比べれば、アナログ情報とディジタル情報の違いを理解できます。

【例 1-4】「音」の情報

「音」は空気の振動ですのでアナログ情報として表現できます。この振動量を図 1.11 のように数値で表現したのが、「音」のディジタル情報です。アナログ情報のディジタル情報への変換方法については、次節で学びます。

【例 1-5】「信号機」の情報

信号機が伝えているのは、赤、黄、青というとびとびの情報ですので、ディジタル情報の一種です。

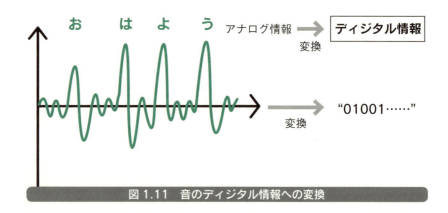

図 1.11　音のディジタル情報への変換

1.2　マルチメディアを作ろう

A　アナログ・ディジタル変換

●アナログ・ディジタル変換とは、音や画像などのアナログ信号をディジタル信号に変換することです。

　マイクを使えば人の声を"時間変化する電圧"というアナログ信号で表現できます。図1.12のようにアナログ信号をディジタル信号に変換することを**アナログ・ディジタル変換**といいます。詳しい変換の方法は次節以降に示します。

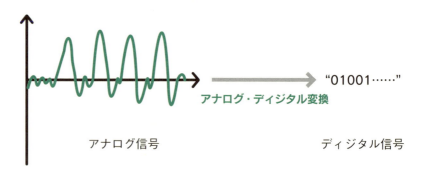

図 1.12　アナログ・ディジタル変換

また図1.13のように、ディジタル信号をアナログ信号に戻すことを**ディジタル・アナログ変換**といいます。

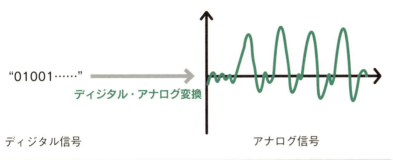

図1.13　ディジタル・アナログ変換

B　標本化

- 標本化とは、アナログ信号から一定の時間間隔ごとの「値」を取り出すことです。
- 標本値とは、標本化によって得られたそれぞれの値のことです。

　図1.14のようにアナログ信号のうち一部の信号値のみ取り出す操作を**標本化**（**サンプリング**）といいます。取り出した値を**標本値**といいます。通常**標本化**では、一定時間間隔ごとの信号値を取り出します。

　標本化のように、連続して存在する値から、とびとびの（不連続の）値のみ取り出すことを**離散化**といいます。このため標本化は、**時間軸方向に離散化**（とびとびの時刻ごとの値に）する操作ともいえます。

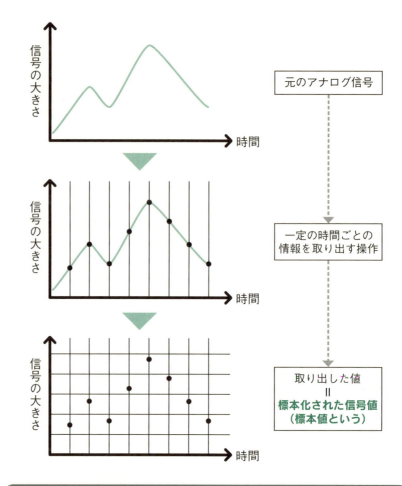

図 1.14 標本化の例
元のアナログ信号（上）、標本化の操作（中）、標本化後の値（標本値）（下）

C 量子化

● 量子化とは、標本値を、最も近いとびとびの代表値に置き換えることです。

標本値のままでは、1.1111…のように有限の数値で表せない場合も多くあります。このため図 1.15 の縦軸に示した整数値のように、信号値を代表する値をあらかじめ決め、標本値に最も近い代表値に置き換える操作を行います。この操作を**量子化**といいます。量子化は**信号値方向に離散化**する操作ともいえます。

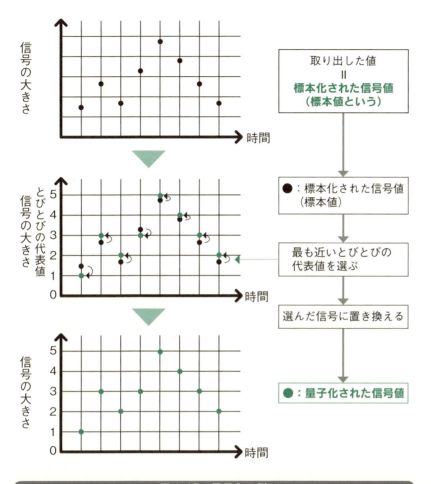

図 1.15　量子化の例
標本値（上）、量子化の操作（中）、量子化後の値（下）

D 符号化

- 符号化とは、量子化された信号を伝送や保存に都合の良いディジタル信号の列に変換することです。

量子化された信号は伝送や保存に都合の良い符号に変換されます。これを**符号化**といいます。伝送や保存には 2 進符号列[4]が都合の良い場合が多いので、ここでは 2 進符号化を例に説明します。

量子化された信号値が時系列に 1、3、2、3、5、4、3、2 の場合における、2 進符号化の例を図 1.16 に示しています。最大の信号値 5 は、2 進数表示では 101 の 3 桁のため、この例ではすべての符号を 3 桁に

[4] "0" と "1" のみから構成される列。

そろえて符号化しています。

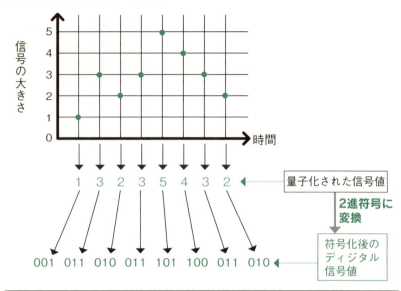

図1.16　2進符号化の例（1）

　図1.17は、量子化された信号の最大値が10の場合です。10は2進数表示で1010の4桁のため、すべての符号を4桁にそろえています。

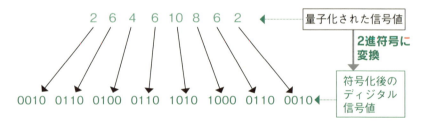

図1.17　2進符号化の例（2）

E　アナログ・ディジタル変換のまとめ

● 標本化→量子化→符号化という一連の操作により、アナログ・ディジタル変換が行われます。

　図1.18～図1.20に、アナログ信号の**標本化→量子化→2進符号化**、によるディジタル信号への変換例を示します。第2章以降での説明のとおり、音、画像などさまざまな情報が、アナログ・ディジタル変換され、すべて2進符号に変換できます。これにより、多種多様な情報をまとめて伝達、保管できるマルチメディアを実現させています。

1.2 マルチメディアを作ろう

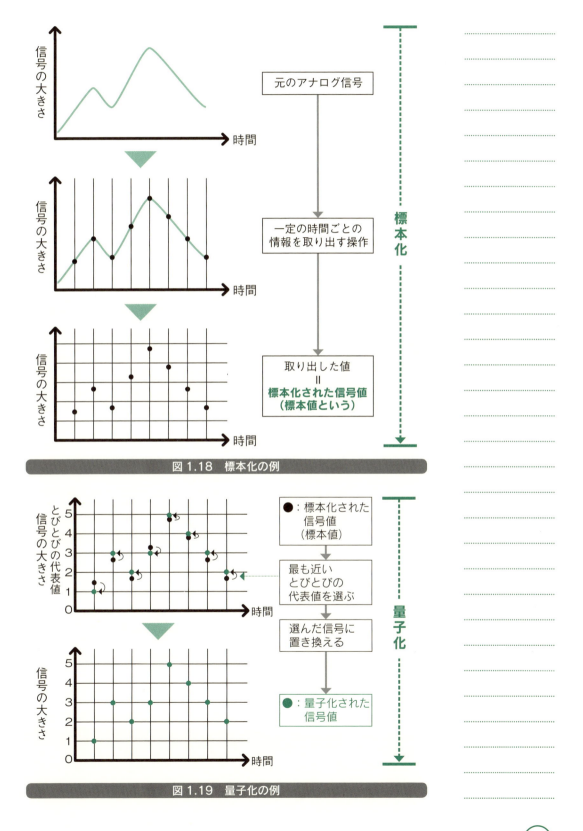

図 1.18　標本化の例

図 1.19　量子化の例

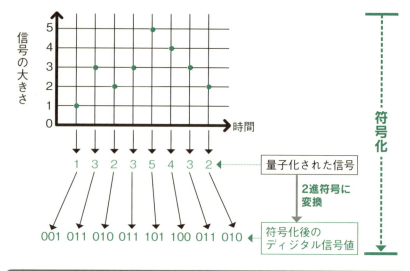

図 1.20　2 進符号化の例

F　パルス符号変調

● パルス符号変調（PCM:Pulse Code Modulation）とは、アナログ信号をパルス列に変換する方法のことです。

図 1.21 のような矩形波を**パルス**といいます。

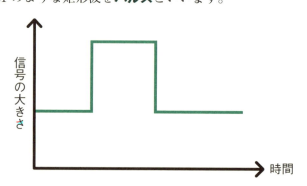

図 1.21　パルスの例

パルス符号変調（**PCM**）はアナログ信号をディジタル信号に変換する方法の一種です。前項に示したとおりアナログ信号を符号化したのち、図 1.22 のように "0" と "1" をそれぞれパルスの "有"、"無" に置き換えたパルス列で表現する方法です。

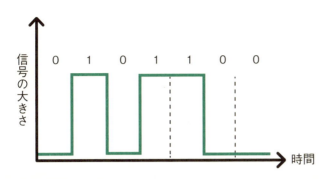

図 1.22　パルス列によるディジタル信号の表示

G 各種 2 進符号

● 2 進符号には、(1) 自然 2 進符号、(2) 交番 2 進符号、(3) 折り返し 2 進符号、があります。

符号化に用いる 2 進符号の主なものは、次の 3 種類です（表 1.1）。

自然 2 進符号　：2 進数で表現した "0" と "1" をそのまま用いた符号列です。

交番 2 進符号　：隣接する値（量子化後の代表値）の符号とは、符号の違いが 1 つのみの符号列です。

折り返し 2 進符号　：左端の数値をのぞけば、表の上下で対称な符号列です。

交番 2 進符号[5]はグレイコード[6]とも呼ばれるものです。温度変化など連続的に変化する値をアナログ・ディジタル変換して得られる 2 進符号を読み取る際に、読み取る時点が少しずれた場合でも本来の値から大きく外れた値を読み取る危険がないというメリットがあります[7]。折り返し 2 進符号は、左端の "0"、"1" が +、− の符号を、左端以外の符号がその数の絶対値を表す符号列と考えることができます。正と負の信号値がほぼ同様の確率で現れる信号[8]に適している符号です。

---

[5] 交番 2 進符号に変換したい数値の自然 2 進符号を 1 ビット右にシフトした符号と、元の自然 2 進符号の同じ桁どうしの排他的論理和をとれば交番 2 進符号となります。ここで 1 ビット右にシフトする際に、元の符号の最下桁の符号を削除し、シフト後の符号の最上桁を 0 とします。たとえば 10 進法の 3 の場合、自然 2 進符号は 011、これを 1 ビット右にシフトすると 001、011 と 001 の同じ桁どうしの排他的論理和をとると 010 となり、表 1 の 3 の交番 2 進符号が得られます。

[6] グレイコード：発明者の名前が Frank Gray のため、Gray code と呼ばれます。灰色を意味する gray ではありません。

[7] たとえば、温度を読み取るとします。温度が 3 度から 4 度に変化した場合、表 1.1 の自然 2 進符号では、隣接する量子化後の代表値である 3 と 4 に対応する符号は、それぞれ 011、100 とすべての桁の符号が異なります。電気回路内では各桁の値がそれぞれ独立に 0 ⇒ 1、あるいは 1 ⇒ 0 に変化します。短い時間に 011 から 001、000 を経て 100 になる場合もあるでしょう。この場合、000 という途中段階の符号を読み取ってしまうと、温度計が計測した 3 度〜 4 度の範囲から大きく外れた、0 度という値を読み取ることになります。これに対し、交番 2 進符号では隣接値の符号は必ず 1 つしか異ならないため、3 度から 4 度への変化時にこの範囲以外の値を読み取る危険性がないというメリットがあります。

第1章 ●——— "マルチメディア" をのぞいてみよう

表1.1　各種2進符号の例			
量子化後の代表値	自然2進符号	交番2進符号	折り返し2進符号
0	000	000	011
1	001	001	010
2	010	011	001
3	011	010	000
4	100	110	100
5	101	111	101
6	110	101	110
7	111	100	111

8
このような信号は両極性の信号と呼ばれます。

Ⓗ 情報量の表し方

ビット（**bit** or **b**）

コンピュータが扱う情報の最小**単位**。「binary digit（2進数）」の略。2つの選択肢から1つを特定するのに必要な情報量が1ビットです。

バイト（**byte** or **B**）

1バイトは通常8ビット（2進数の8桁）を表します。もともと英数字1字分の文字コードの量を表現するために使われていた単位です。

オクテット（**octet**）

情報通信の分野で、情報量の単位として8ビットであることを明示する必要がある場合にオクテットを使います[9]。

kB（**キロバイト**）

1kB = 1000B を指す場合と、1kB = 2^{10}B = 1024B を指す場合があります[10]。

MB（**メガバイト**）

1MB = 10^6（100万）B を指す場合と、1MB = 2^{20}B = 1024 × 1024B を指す場合があります[11]。

KiB（**キビバイト**）

1KiB = 2^{10}B = 1024B。1KiB が 1000B を指すことはありません。

MiB（**メビバイト**）

1MiB = 2^{20}B = 1024kiB。1MiB が 1000kiB を指すことはありません。

9
1バイトも通常は8ビットを意味します。しかし、もともと1文字の情報量を表現する単位のため、システムによっては7ビットなどを意味する場合もあります。このため、厳密に8ビットを示す際ににオクテットを使う場合があります。

10
国際標準化機関では、1kB＝1000Bと定めています。ただ慣用的に1kBを1024Bの意味で用いることも多くあります。また1000を意味するkは小文字です。大文字のKはケルビンと呼ばれる温度の単位です。本書では、1kB＝1000Bと表しています。

11
国際標準化機関では、1MB＝10^6Bと定めています。ただ慣用的に1MBを1024 × 1024Bの意味で用いることも多くあります。この本では、1MB＝10^6Bと表しています。

単位の接頭語

単位の前につける接頭語の例を以下に示します。

表 1.2　単位の前につける接頭語の例		
読み方	記号	意味
キロ	k	1,000 倍
メガ	M	1,000,000 倍
ギガ	G	1,000,000,000 倍
テラ	T	1,000,000,000,000 倍

注：単位が **B**（**バイト**）のときのみ、前ページに示したとおり少し異なる
意味になる場合があります。

第1章 ◉——— "マルチメディア" をのぞいてみよう

この章のまとめ

1 情報とは "知らせ"、"知ることで役立つもの" です。

2 少人数への伝達は、音や画像⇒言葉⇒文字の順、多人数への伝達は、文字⇒音（言葉など）⇒画像の順に始まりました。

3 メディアとは、情報を伝達・記録・保管するために使う "もの" や "装置" のことです。

4 マルチメディアとは、文字、音声、映像など複数の種類の情報を、ひとまとめにして扱うメディアのことです。

5 ディジタルメディアとは、符号化された数字列の伝達に使われるメディアのことです。

6 マルチメディアには、ディジタルメディアが使われます。

7 アナログ情報とは、連続的に変化する情報のことです。

8 ディジタル情報とは、数字、英字、記号など、離散的な（不連続な）形で表したものです。

9 アナログ・ディジタル変換とは、音や画像などのアナログ信号をディジタル信号に変換することです。

10 標本化→量子化→符号化という一連の操作により、アナログ・ディジタル変換が行われます。

11 標本化とは、アナログ信号から一定の時間間隔ごとの「値」を取り出すことです。

12 量子化とは、標本値を、最も近いとびとびの代表値に置き換えることです。

13 符号化とは、量子化された信号を伝送や保存に都合の良いディジタル信号の列に変換することです。

14 パルス符号変調（PCM:Pulse Code Modulation）とは、アナログ信号をパルス列に変換する方法のことです。

15 2進符号には、(1) 自然2進符号、(2) 交番2進符号、(3) 折り返し2進符号、があります。

16 情報量を表す主な単位には、ビット（bit or b）、バイト（byte or B）、オクテット（octet）、kB（キロバイト）、MB（メガバイト）、KiB（キビバイト）、MiB（メビバイト）があります。

練 習 問 題

問題1　メディアとは何か。簡潔に説明しなさい。

問題2　マルチメディアとは何か。簡潔に説明しなさい。

問題3　ディジタルメディアとは何か。簡潔に説明しなさい。

問題4　次の3種類のメディアについて、人間がマスメディアとして使い始めた順に示しなさい。

　　　　A　画像メディア

　　　　B　文字メディア

　　　　C　音メディア

問題5　アナログ情報、ディジタル情報とはそれぞれどういうものか。両者の違いがわかるように簡潔に説明しなさい。

問題6　アナログ・ディジタル変換とはどういうことか。簡潔に説明しなさい。

問題7　ディジタル・アナログ変換とはどういうことか。簡潔に説明しなさい。

問題8　アナログ・ディジタル変換のために行う3つの操作の名称をすべて記しなさい。

問題9　問題8で解答した3つの操作をそれぞれ簡潔に説明しなさい。

問題10　1オクテットは、何ビットか。

問題11　1kb、1Mbは、それぞれ何ビットか。

問題12　国際標準化機関の定めに従えば、1kB、1MBはそれぞれ何バイトか。

第2章

"音"を符号化しよう

教師：音楽の保存に用いるものとして、何がありますか。

学生：音楽CDがあります。DVDも動画とともに音声や音楽も保存できます。

教師：そうですね。ではCDには何分間の音楽を保存できますか。

学生：約80分と書いてあったと思います。

教師：そうですね。ではなぜ90分間分は保存できないのでしょうか。

学生：それは記録できる容量を超えているからだと思います。

教師：1分間当たりに記憶する情報量を減らせばいいのではないですか。

学生：そうですね。減らすとどういう問題が起こるのでしょうか。

教師：それをこの章で学びましょう。

この章で学ぶこと

1. 音を標本化するときの時間間隔に関して、留意すべきことを理解する。
2. 音を量子化する方法を理解する。
3. 音をアナログ・ディジタル変換したときの情報量の計算方法を理解する。

2.1 音を観察してみよう

A 音の符号化

● 音は空気の振動です。この振動を表すアナログ信号をディジタル信号に変換することを音の符号化といいます。

たとえば、スマートフォンで遠くの人に「おはよう」と伝える場合を考えてみましょう。

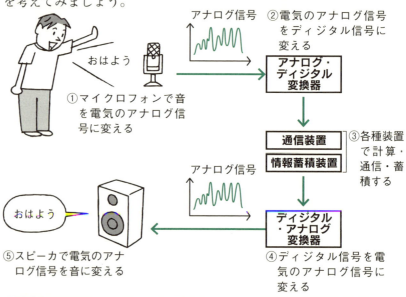

図 2.1 音の符号化を使った音情報伝達・蓄積のしくみ

図 2.1 はそのしくみを表しています。ステップごとに見てみましょう。

ⓐ 音情報の伝達・蓄積のしくみ

1. 男の人の「おはよう」という声は、空気の振動としてスマートフォンのマイクロフォンに伝わります。マイクロフォンは空気の振動を電圧の変化などのアナログ信号に変えます。

2. アナログ信号は、スマートフォン内の"アナログ・ディジタル変換器"と呼ばれる装置でアナログ信号からディジタル信号に変換されます。

3. スマートフォンでは、通信装置により遠くの場所へディジタル信

号が送られます[1]。

4. 遠くにある別のスマートフォン内の“ディジタル・アナログ変換器”と呼ばれる装置でディジタル信号は元のアナログ信号に変えられます。

5. アナログ信号（電圧の変化など）が、スマートフォン内のスピーカを揺らすことで空気が振動し、「おはよう」という声が聴こえます。

いかがでしたか。「おはよう」という声の情報も、いろいろな旅を経て元の音に戻るのですね。

図2.1の③には、“情報蓄積装置”も示しています。「おはよう」という声や音楽を保存したいときは、符号化されたディジタル信号をハードディスクなどの“情報蓄積装置”を用いて保存すればよいのです。そして聴きたいときに、ディジタル・アナログ変換器でアナログ信号に戻して再生すればよいわけです。

Ⓑ 周期・周波数

どの程度の時間間隔で音を標本化すれば、きれいな音を伝えたり保存したりできるのでしょうか。そのことの理解のため、いくつかの言葉の意味を理解しましょう。

> ● 周期 ：一定時間間隔ごとに繰り返される現象の、一定時間のこと。
> ● 周波数 ：一定時間間隔ごとに繰り返される現象の、単位時間（通常は1秒）当たりに繰り返される数のこと。
> ● ヘルツ［Hz］：単位時間を1秒としたときの周波数の単位。

たとえば晴れていれば、太陽は毎朝繰り返し昇りますね。この場合、「太陽の昇る**周期**は24時間」といえます。太陽の昇り降りにより、気温も変化します。毎日同じように晴れていれば気温も毎日同じように昇り降りを繰り返します。図2.2に、気温をはじめとした一定時間ごとに繰り返される現象や信号の時間変化と周期の関係を表しています。

1
スマートフォンでは、ディジタル信号の “1”、“0” を電波の有無などに変換して送信します。光通信装置では、“1”、“0” を光の有無などに変換して送信します。

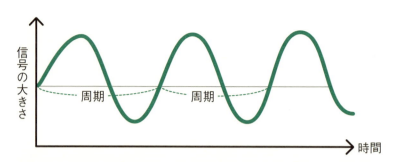

図 2.2　波形の周期

　1秒を単位時間としたとき、**周波数**の単位は**ヘルツ**［**Hz**］を用います。秒針は60秒間に1回まわりますから、秒針の動きの周波数は1/60 Hzです。関東の商用電源電圧は0.02秒周期で変化しています。これを50回繰り返すと、0.02秒×50＝1秒となるので周波数は50 Hzです。

　周期をT秒、周波数をf Hzとすると、$T×f=1$の関係があるので、周期か周波数のどちらかがわかれば、もう一方を求めることができます。T秒ごとに繰り返される信号における周期と周波数の関係を図2.3に示しています。

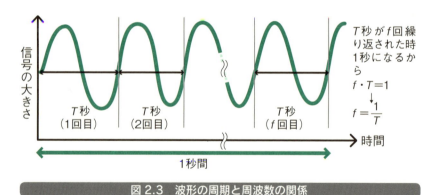

図 2.3　波形の周期と周波数の関係

【例題 2-1】

　図2.4に示す半径10 cmの時計の時刻tにおける秒針のx座標を$x_1(t)$とします。たとえば秒針が数字の12あるいは6を指すとき$x_1(t)=0$ cm、3を指すとき$x_1(t)=10$ cm、9を指すとき$x_1=-10$ cmです。

(1) $x_1(t)$の周期を求めなさい。

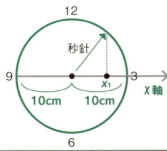

図 2.4　時計の秒針位置

解答

$x_1(t)$ は 60 秒ごとに図 2.5 に示す波形を繰り返すから、$x_1(t)$ の周期は 60 秒です。

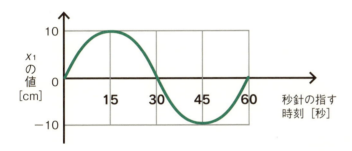

図 2.5　秒針位置の時間変化

(2) $x_1(t)$ の周波数を求めなさい。

解答

　図 2.5 のとおり、$x_1(t)$ の周期は 60 秒だから、周波数を f として、
$$60f = 1$$
∴ 　　$f = 1/60\,\mathrm{Hz}$

です。

【例題 2-2】

　時刻 t 秒において信号 $s(t) = \sin(t)$ のとき、この信号の周期を求めなさい。

解答

　図 2.6 のとおり、$t = 0$ から 2π までの間に、$0 \to 1 \to 0 \to -1 \to 0$ の変化が 1 回生じます。図 2.7 のとおり、$t = 2\pi$ 以降も t が 2π 増えるごとに同じ波形を繰り返します。このことから $s(t) = \sin(t)$ の周期 T

は 2π であることがわかります。

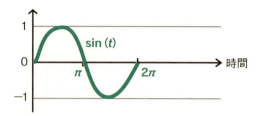

図 2.6　$s(t) = \sin(t)$ の時間変化（1）

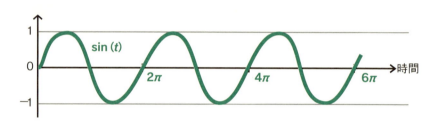

図 2.7　$s(t) = \sin(t)$ の時間変化（2）

【例題 2-3】

時刻 t 秒において信号 $s(t) = \sin(2\pi ft)$ のとき、次の各問いに答えなさい。

（1）この信号の周期を求めなさい。

解答

図 2.8 のとおり、$t=0$ から $1/f$ までの間に、$0 \to 1 \to 0 \to -1 \to 0$ の変化が 1 回生じるから、$s(t) = \sin(2\pi ft)$ の周期 T は $1/f$ です。

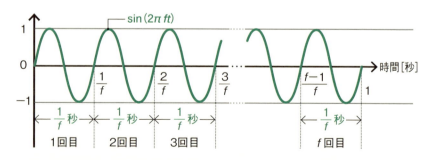

図 2.8　$s(t) = A\sin(2\pi ft)$ の時間変化

（2）この信号の周波数を求めなさい。

解答

$s(t)$ は t が 0 から $1/f$ まで変化する間に図 2.8 のとおり 0 → 1 → 0 → -1 → 0 と変化します。$t \geq 1/f$ でも t が $1/f$ 増えるごとに同じ波形を繰り返します。t が 0 から 1 までの間に繰り返す回数は f 回です。このため、$s(t)$ の周波数は f [Hz] です。

この例題から次のことがいえます。

> ● 周波数 f で変化する正弦波信号 $s(t)$ は、A を定数として、次式で表せます。
> $$s(t) = A \sin(2\pi f t)$$

C 周波数スペクトル

> ● 周波数スペクトル：波形は多種類の正弦波や余弦波の足し合わせで表現できます。波形にどのような周波数の正弦波や余弦波がどの程度あるかを表したものを周波数スペクトルといいます。

波形の性質について、もう少し理解を深めましょう。

通常、信号波形 $g(t)$ は前項で説明した $\sin(2\pi f t)$ や $\cos(2\pi f t)$ の形の関数を足し合わせた次式で表現できます。

$$
\begin{aligned}
g(t) = a_0 & \\
& + a_1 \cos(2\pi f_1 t) + b_1 \sin(2\pi f_1 t) \\
& + a_2 \cos(2\pi f_2 t) + b_2 \sin(2\pi f_2 t) \\
& + \cdots \\
& + a_k \cos(2\pi f_k t) + b_k \sin(2\pi f_k t) \\
& + \cdots\cdots
\end{aligned}
\tag{2.1}
$$

ここで a_0 は定数、a_i および $b_i (i = 1、2、3、\cdots)$ はそれぞれ周波数 f_i の余弦波および正弦波の振幅を表します。この周波数 f_i と a_0 や振幅 a_i、b_i の関係を図 2.9、図 2.10 のように図示したものを**周波数スペクトル**と呼びます[2]。この周波数スペクトルを用いることで、信号波形

2
信号の周波数特性を表す周波数スペクトルにはいくつかの種類があります。ここで示したのは、振幅スペクトルとも呼ばれるものです。これ以外に、周波数 f_k とその周波数の電力 $(a_k^2 + b_k^2)$ の関係を示した電力スペクトルなどがあります。

の重要な特性がわかります。

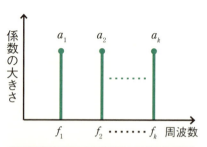

図2.9　式(2.1)の余弦波部分の周波数スペクトル

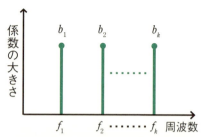

図2.10　式(2.1)の正弦波部分の周波数スペクトル

　一般に信号の周波数スペクトルは、図2.11のように多くの周波数成分を持ちます。この場合、通常縦線の頂点を結んだ線（図では緑の線）にて周波数スペクトルを表現します。

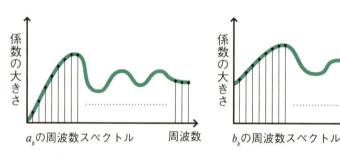

図2.11　信号の周波数スペクトル例

2.2　音を符号に変換してみよう

A　標本化周波数

●標本化周波数：1秒間に標本化する回数のこと。

　標本化は通常、一定時間間隔で行います。図2.12に示すように、標本化する時間間隔を T とすると、**標本化周波数**は $1/T$ となります。

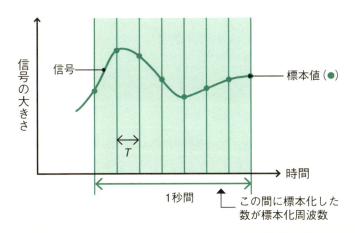

図 2.12　標本化周波数

【例題 2-4】

0.1 秒間隔で標本化するときの、標本化周波数 f を求めなさい。

解答
$$f = \frac{1}{T} = \frac{1}{0.1} = 10 \quad \rightarrow 10\,\mathrm{Hz}$$

B　標本化定理

- **標本化定理**：標本化周波数を、標本化したいアナログ信号の最高周波数の 2 倍より高い値にすれば、標本値から元のアナログ信号を完全に再現できます。

標本化定理は、この章の冒頭の教師と学生でのやりとりで出てきた疑問の解決のキーとなる重要な定理です。標本化定理は次のようにも表現できます。

- **標本化定理（別表現）**：標本化したいアナログ信号の最高周波数が f [Hz] 未満の時、$2f$ [Hz] 以上の標本化周波数で標本化すれば、標本値から元のアナログ信号を完全に再現できます。

【例 2-1】電話で伝える声の標本化

図 2.13 に示すように、人間の声がその人らしい自然な声に聴こえ

るには 4kHz 未満の周波数の音があればよいとされています。このため、電話では 4kHz 以上の高音を削除します。この場合、標本化定理より標本化周波数を、

$$4\text{kHz} \times 2 = 8\text{kHz}$$

とすればよいことになります。

標本化の時間間隔は、$1 \div 8000\text{Hz} = 1.25 \times 10^{-4}$ 秒なので、1.25×10^{-4} 秒以下の間隔で標本化すればよいわけです。

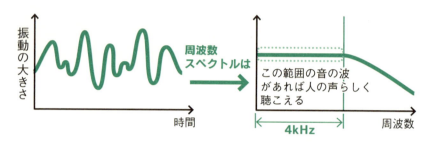

図 2.13　標本化周波数の決め方

【例 2-2】音楽の保存

人が聴きとれる周波数は、図 2.14 に示すようにおおよそ 8Hz から 20kHz です。

図 2.14　人が聴き取れる音の周波数範囲

このため音楽を原音のきれいな音のまま保存・再生するには、図 2.15 に示すように 20kHz 程度の周波数の音まで保存すればよいことになります。これ以上高い音は削除します。標本化周波数は 20kHz の 2 倍の 40kHz とすれば十分です。この時、標本化の時間間隔 T は、$T = 1/40000\text{Hz} = 2.5 \times 10^{-5}$ 秒となります。

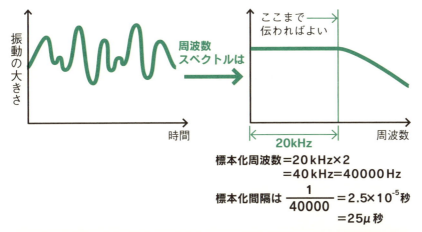

図 2.15　標本化周波数の決め方

C　音の標本化

- 標本化周波数は原音の最高周波数の 2 倍より高ければ十分です。2 倍以下の標本化周波数では音は劣化します。
- モノラルの音は 1 種類、ステレオの音は 2 種類の音を標本化します。

標本化周波数の決め方は次のとおりです。

（1）きれいな音を保存・伝送したい場合

　　保存・伝送したい音の最高周波数の 2 倍を標本化周波数とします[3]。

（2）できるだけ保存・伝送の情報量を減らしたい場合

　　許容できる音質の範囲で高音部分を削除した上で、削除したあとの音の最高周波数の 2 倍を標本化周波数とします。

　音にはモノラルとステレオがあります。**モノラル**は図 2.16 のように 1 つのスピーカで再生される音です。**ステレオ**は図 2.17 のように左右 2 つのスピーカを用い、違う音を再生させるものです。ステレオについては 2.2.D で詳しく説明しています。モノラルのように再生させる音が一組の場合、**チャネル数**は 1、ステレオのように再生させる音が二組の場合、**チャネル数**は 2、といいます。

[3] 通常、保存・伝送したい音の周波数スペクトルには多数の周波数成分があります。このうち最高周波数に一致する音の成分はほとんど無視できるため、2.2.B 項の標本化定理（別表現）を用いればよいことになります。

図2.16　モノラル　　　　　　　　図2.17　ステレオ

D　音の量子化、符号化

　音の量子化とは、標本化で取り出した音の「値」を最も近いとびとびの代表値に置き換える操作のことです。

> ● 量子化誤差　　　：量子化後の値と標本値との差。
> ● 量子化ステップ幅：量子化に用いる代表値間の間隔。
> ● 量子化ステップ数：量子化に用いる代表値の数。
> ● 量子化ビット数　：量子化後の各信号値を表すのに必要な
> 　　　　　　　　　　ビット数。

　標本化は、標本化定理に従った標本化周波数で行えば元のアナログ情報を再現できます。しかし、量子化を行った場合、量子化後の値から量子化前の値は再現できません。たとえば、標本値が3.14の場合を考えます。これを3という代表値に量子化した場合、元の3.14に戻すことはできません。この3−3.14＝−0.14のような量子化後の値と標本値との差を**量子化誤差**といいます。量子化誤差については、3.2.Dや第7章で詳しく学びます。

　量子化の代表値間の間隔を**量子化ステップ幅**[4]といいます。また量子化後の各信号値を表すのに必要なビット数を**量子化ビット数**といいます。

　図2.18に示すように、

4　量子化ステップ幅のことを量子化ステップと呼ぶ場合もあります。量子化ステップは別の意味で用いられることもあるため、本書では量子化ステップ幅で統一しています。

a：標本化後の信号値（代表値）の最大と最小の差

s：量子化ステップ幅

（ただし a は s の整数倍の値）

とすると、代表値の個数は、

$$\left(\frac{a}{s}+1\right) \tag{2.2}$$

個となります。

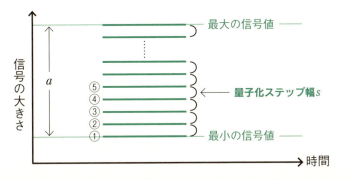

図 2.18　量子化ステップ幅

たとえば図 2.19 の場合、$a=10$, $s=2$ ですので、代表値の個数は $\frac{10}{2}+1=6$ ステップとなります。

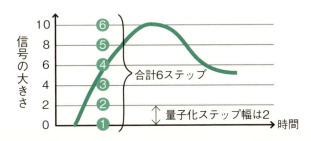

図 2.19　量子化ステップ幅が 2 の例

また、**量子化ステップ数**と量子化ビット数には、

　　量子化ステップ数が 2 個　　　　　→量子化ビット数 1

　　量子化ステップ数が 3 ～ 4 個　　　→量子化ビット数 2

　　量子化ステップ数が 5 ～ 8 個　　　→量子化ビット数 3

　　　　　　〈

　　量子化ステップ数が $2^{n-1}+1$ ～ 2^n 個　→量子化ビット数 n

という関係があります。

【例2-3】量子化ステップ数と量子化ビット数の計算

アナログ信号を、最小値0、最大値10、量子化ステップ幅2で量子化する場合の量子化ステップ数と量子化ビット数を求めてみましょう。

量子化ステップ幅2なので、量子化後の信号値は、

$$0、2、4、6、8、10$$

の6個の代表値で表現できます。これは式(2.2)に、$a = 10 - 0 = 10$、$s = 2$を代入することでも求められます。

また代表値0、2、4、6、8、10を、図2.20のとおり、それぞれ0、1、2、3、4、5に置き換え、さらに3ビットの2進数000、001、010、011、100、101に置き換えることで、符号化（2進符号列で表現できる）こともわかります。

```
        信号の   1/2の数値に
        大きさ   置き換え     2進数
        0 ──→ 0 ──→ 000
   6    2 ──→ 1 ──→ 001
   ス   4 ──→ 2 ──→ 010
   テ   6 ──→ 3 ──→ 011
   ッ   8 ──→ 4 ──→ 100
   プ  10 ──→ 5 ──→ 101
                        └──┘
                        3ビット
```

図2.20　代表値の2進符号での表現例（量子化ビット数3ビット時）

E　ステレオ音声・音楽

コンサート会場で臨場感のある音楽を聴くことができるのは、聴衆の2つの耳に**少し異なる音**が聴こえているためです。このような音が両耳に聴こえるように、2つのスピーカから少し異なる音を発生させているのが**ステレオ**音声・音楽です。

このようなステレオ音声・音楽では、図2.21のように2つのスピーカに異なる音の情報を入力する必要があるため、**保存・伝送すべき情報量はモノラルの場合の2倍**必要になります。

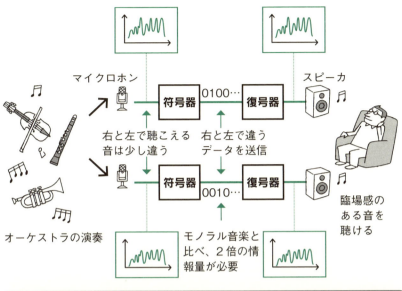

図 2.21 ステレオ音声・音楽

F 音の情報量の計算

● 1 秒当たりに保存または伝送する音の情報量 [bit/ 秒]
 ＝標本化周波数 [Hz] ×量子化ビット数 [bit] ×チャネル数

ⓐ 電話や CD における情報量の計算例

ⓐ-① 電話（固定電話）

電話の音を 1 秒間保存または伝送するのに必要な情報量を求めてみましょう。

- 標本化周波数：電話では **4kHz** 未満の周波数の音を伝えています。
- このため標本化定理より、標本化周波数＝4kHz × 2＝**8kHz** です。
- 量子化ビット数：各標本値を **8 ビット**で量子化しています。
- チャネル数：電話はモノラル音声なので、**1 チャネル**です。

以上から、
1 秒当たりに保存または伝送する**音の情報量**［bit/ 秒］
＝8kHz × 8bit × 1 チャネル＝**64kbit/ 秒**

第2章 ●——— "音" を符号化しよう

となります。

ⓐ-②　CD

CD は電話に比べてきれいな音を保存できるような設計になっています。

・標本化周波数：人間の聴こえる最高周波数の約2倍の **44.1kHz** としています。
・量子化ビット数：電話の場合と比べ、2倍の **16ビット** で量子化しています。
・チャネル数：ステレオ音楽の保存用のため、**2チャネル** です。

⬇

以上から、

1秒当たりに保存または伝送する情報量 ［bit/ 秒］

＝44.1kHz × 16bit × 2チャネル＝1411.2kbit/ 秒

となります。

電話と CD の比較を表2.1 に示します。

表2.1　電話と CD の符号化方法			
	電話	CD	CD の特徴
標本化周波数	8kHz	44.1kHz	標本化周波数を高くすることで高音を含む自然な音になる
量子化ビット数	8bit	16bit	量子化ビット数を大きくすることで雑音の少ないきれいな音になる
チャネル数	1チャネル	2チャネル	2チャネルにすることで臨場感を高める

この章のまとめ

1. 音は空気の振動です。この振動を表すアナログ信号をディジタル信号に変換することを音の符号化といいます。

2. 周期：一定時間間隔ごとに繰り返される現象の一定時間のこと。

3. 周波数：一定時間間隔ごとに繰り返される現象の、単位時間（通常は1秒）当たりに繰り返される数のこと。

4. ヘルツ：単位時間を1秒としたときの周波数の単位。

5. 周波数スペクトル：波形は多種類の正弦波や余弦波の足し合わせで表現できます。波形にどのような周波数の正弦波や余弦波がどの程度あるかを表したものを周波数スペクトルといいます。

6. 標本化周波数とは、1秒間に標本化する回数のことです。

7. 標本値とは、標本化によって得られた値のことです。

8. 標本化定理：標本化周波数を、標本化したいアナログ信号の最高周波数の2倍より高い値にすれば、標本値から元のアナログ信号を完全に再現できます。

9. 人が聴きとれる最高周波数は、おおよそ20kHzです。

10. 標本化周波数は原音の最高周波数の2倍より高ければ十分です。2倍以下の標本化周波数では音は劣化します。

11. モノラルの音は1種類、ステレオの音は2種類の音を標本化します。

12. 量子化誤差：量子化後の値と標本値との差。

13. 量子化ステップ幅：量子化に用いる代表値間の間隔。

14. 量子化ステップ数：量子化に用いる代表値の数。

15. 量子化ビット数：量子化後の各信号値を表すのに必要なビット数。

16. 1秒当たりに保存または伝送する音の情報量 [bit/ 秒]
＝標本化周波数 [Hz] ×量子化ビット数 [bit] ×チャネル数

17. 電話（固定電話）は標本化周波数8kHz、量子化ビット数8ビット、チャネル数1（モノラル）です。

18. CD は標本化周波数44.1kHz、量子化ビット数16ビット、チャネル数2（ステレオ）です。

第 2 章 ●——— "音" を符号化しよう

練 習 問 題

問題 1 　周期とは何か。簡潔に説明しなさい。

問題 2 　周波数とは何か。周期という言葉を用いて簡潔に説明しなさい。

問題 3 　ある波形の周波数スペクトルを見ると、200Hz の成分のみ存在していた。波形の形と周期を示しなさい。

問題 4 　周波数 100Hz の波形の周期を求めなさい。

問題 5 　周期が 10 秒の正弦波の周波数を求めなさい。

問題 6 　最高周波数 20kHz の音楽を標本化したい。標本化周波数を何 Hz より高くすればよいか。

問題 7 　量子化ステップ幅とは何か。簡潔に説明しなさい。

問題 8 　量子化ステップ幅 2 で量子化を行ったところ、量子化後の代表値の最小が 6、最大が 22 だった。量子化ビット数は何ビット必要か。

問題 9 　最高周波数が 5kHz 未満のモノラル音声を、標本値ごとに 4 ビットの符号に変換して送信したい。1 秒当たり何ビットの情報を送信すれば十分か。

問題 10 　最高周波数 20kHz 未満のステレオ音楽を、標本化周波数ごとに 10 ビットの符号に変換して送信したい。1 分当たりに何ビットの情報を送信すれば十分か。

第3章

きれいな"音"を符号化しよう

教師：臨場感あふれる音楽は何度聴いてもいいですね。

学生：そういう音楽をたくさんダウンロードできればと思います。でもそのためにはハードディスクの保存容量がたくさん必要ですね。

教師：必要な容量を減らすこともできますよ。

学生：えっ、無理に符号化後のビット数を減らそうとすると音質が劣化するということを前章で学びましたよ。

教師：よく理解していますね。でも前章までに学んだ符号化よりも大幅にビット数を減らす方法はあります。

学生："裏技"があるのですか。

教師："裏技"ではありませんが、きれいな音質のまま、あるいはほとんど気にならない程度の音質の劣化で、保存するビット数を大幅に減らせる方法です。

学生：それはぜひ身に付けたい"技"ですね。

教師：その"しくみ"を理解してください。

この章で学ぶこと

1　これから受信する信号の値を予測する方法と、その方法を用いた高能率符号化のしくみを理解する。
2　"0"あるいは"1"が大部分を占める2進符号列の高能率符号化のしくみを理解する。
3　人の耳や口の特徴を生かした高能率符号化のしくみを理解する。
4　非線形量子化の意味と、非線形量子化を用いた高能率符号化のしくみを理解する。

第3章 ●———— きれいな "音" を符号化しよう

3.1 ▶ 高能率符号化（1）

Ⓐ 高能率符号化

> ● 高能率符号化とは、基本的な符号化より少ないビット数で、基本的な符号化と同様の内容や品質を得られるように工夫した符号化のことです。

高能率符号化は、**符号圧縮**ともいいます。

ⓐ 主な目的と用途

主な目的は次の2種類です。

1. きれいな音や画像などをおおむねその品質を保ちつつ、できるだけ多くの量を、次のようにしたい場合
   ・限られた容量の記憶装置に記録したい
   ・できるだけ少ない伝送速度で送信したい
   例：音楽録音、録画、インターネットラジオ

2. 言葉や画像などは許容範囲内であれば多少音質が劣化してもよいから、基本的な符号化より情報量を大幅に減らしたい場合
   例：スマートフォンでの通話、防犯用録画

　代表的な高能率符号化により、おおむね音質劣化なしに保存・伝送できる情報量を以下に示します。基本的な符号化のみを用いているCDと比べ、情報量を1/10程度まで減らせます。会話の内容が聴き取れればよいという用途の電話のように、多少音質劣化してもよい場合は、さらに情報量を減らすことができます。

ⓑ 高能率符号化による情報量削減の例

音楽情報の保存に必要な容量

高能率符号化していない例

　　　　CD　　　　　　　　　　　　　　　　→ 1.4Mbit/秒

高能率符号化を用いた例

MPEG-1 Audio Layer Ⅲ（MP3）[1]　　　→ 192kbit/ 秒程度

MPEG-2 AAC（Advanced Audio Coding）[2] → 128kbit/ 秒程度

B　差分パルス符号変調（DPCM）

- 差分パルス符号変調（DPCM、Differential PCM）は、ある時点での信号値が直前の信号値と等しい、と予測し、予測値と実際の信号値との差分を符号化、送信する方法です。

差分パルス符号変調（DPCM）[3] の符号化手順と、その符号から元の信号値を得る"復号化"の手順は次のとおりです。

【符号化手順】

1. 最初の信号は、その信号値を符号化します。
2. 2個目以降は、今回の信号値と直前の信号値の差を符号化します。

【復号化手順】

1. 最初の信号値は、受信信号値を用います。
2. 2個目以降の信号値は、直前の受信信号値と今回の受信信号値の和を用います。

基本的な符号化と差分パルス符号変調でどれくらい符号化後の情報量が異なるのかを見てみましょう。

【例題 3-1】

標本化・量子化後の信号値が標本化時刻順に 1 → 2 → 3 → 4 → 5 → 6 → 7 の場合において、差分パルス符号変調を用いた場合と、基本的な符号化を用いた場合の所要ビット数の比率を求めなさい。

解答

基本的な符号化の場合の所要ビット数は、前章で学んだとおり2進符号化すると、図3.1に示すようになります。

---

[1] MPEG-1 で規格された音声の高能率符号化方法。MPEG-1 は、5.1.E を参照してください。

[2] MPEG-2 で規格された音声の高能率符号化方法。MPEG-2 は、5.1.E を参照してください。

[3] 前の信号との差分をとる操作を、**差分符号化**ともいいます。

信号の順番	元の信号		量子化された信号		2進符号化	
①	1	→	1	→	001	
②	2	→	2	→	010	
③	3	→	3	→	011	
④	4	→	4	→	100	7個
⑤	5	→	5	→	101	
⑥	6	→	6	→	110	
⑦	7	→	7	→	111	

※送信信号の最大桁数は111の3桁なので、3桁に統一して送信する。

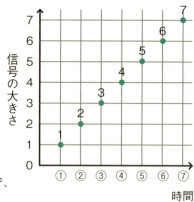

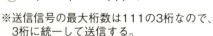

図3.1　基本的な符号化

送信信号の最大値は111の3桁です。このため各符号の区切りがわかるように、3桁に統一して符号化します。符号化後のビット数は、3bit×7個＝21bitになります。

次に差分パルス符号変調の場合の所要ビット数を求めます。「最初の信号値以外は、直前の信号値との差分を符号化」する方法ですので、図3.2、図3.3に示すように前の信号値との差分はすべて1です。このため送信すべき情報は図3.2の一番右、図3.3ではカッコ内に示したとおりすべて1となります。7個の信号値の符号列は「1111111」ですから、ビット数は1bit×7個＝7bitとなります。このケースでは、差分パルス符号変調を用いた場合(7bit)と基本的な符号化の場合(21bit) の比率は1/3になります。大幅にビット数を減らせますね。

信号の順番	元の信号	前の値からの予測(※)		元の信号と予測値の差		2進符号化
①	1					1
②	2	1	→	1	→	1
③	3	2	→	1	→	1
④	4	3	→	1	→	1
⑤	5	4	→	1	→	1
⑥	6	5	→	1	→	1
⑦	7	6	→	1	→	1

（※）前の信号と同じ数値が送信されると予測

図3.2　DPCM符号化　例題3-1の図解（1）

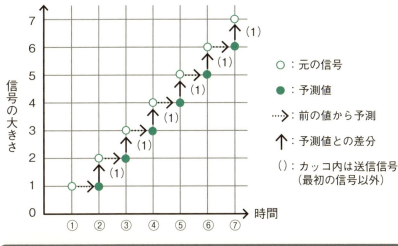

図 3.3　DPCM 符号化　例題 3-1 の図解（2）

【例題 3-2】

標本化・量子化後の信号値が標本化時刻順に 1 → 4 → 9 → 16 → 25 の場合において、差分パルス符号変調を用いた場合と、基本的な符号化を用いた場合の所要ビット数の比率を求めなさい。

解答

基本的な符号化の場合の所要ビット数は、そのまま 2 進符号にすると、00001　00100　01001　10000　11001 となり、5bit × 5 ＝ 25bit 必要になります。

差分パルス符号変調（DPCM）の場合の所要ビット数は、例題 3-1 と同様に考えると、図 3.4、図 3.5 のとおりとなります。

この例では高能率符号化後の最大値が 9 のため、各符号を同じビット数でそろえ 4 ビット必要とすると、5 つの信号値の符号化には 4bit × 5 個 ＝ 20bit 必要になります[4]。基本的な符号化の場合の 25 ビットと比べた場合の比率は（20/25）＝ 80％ になります。

[4] 各符号を同じビット数とすることで、符号の区切りがわかるようにします。

信号の順番	元の信号	前の値からの予測	元の信号と予測値の差	2進符号化
①	1			0001
②	4	1 →	3 →	0011
③	9	4 →	5 →	0101
④	16	9 →	7 →	0111
⑤	25	16 →	9 →	1001

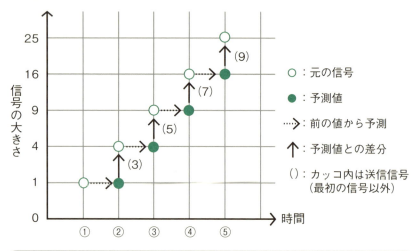

図 3.4　DPCM 符号化　例題 3-2 の図解（1）

図 3.5　DPCM 符号化　例題 3-2 の図解（2）

C 予測符号化

● **予測符号化は、符号化したい信号値を周囲の標本値から予測し、予測値と実際の標本値の差分を符号化する方法です。**

予測符号化では n を自然数として、直前の信号値、2 つ前の信号値、…、$(n-1)$ 個前および n 個前の信号値を用いて予測します。$n=1$ の場合が、前項で示した差分パルス符号変調です。$n>1$ の場合、予測方法を適切に選べば、差分パルス符号変調より予測値との差分を小さくでき、より高能率に符号化できます。

以下に直前の 2 個の標本値から予測する方法の例を説明します。

ここでは、

> **予測値**＝直前の信号値
>
> ＋（直前の信号値−2つ前の信号値）

と想定します。この場合、符号化および復号化手順は以下のとおりです。

符号化手順

1. 最初の信号は、その信号値を符号化します。

2. 2個目の信号は、(今回の信号値−直前の信号値)を符号化します。（DPCM と同じ方法です。）

3. 3個目以降は、信号の予測値を、

> **予測値**＝直前の信号値
>
> ＋（直前の信号値−2つ前の信号値）

とし、

> その時点での信号値−予測値

を符号化します。

復号化手順

1. 最初の信号値は、受信信号値を用います。

2. 2個目の符号は、（直前の受信信号値＋今回の受信信号値）を復号後の信号値にします。

3. 3個目以降は、

> 復号後の信号値
>
> ＝符号化手順3の方法で計算した予測値＋今回の受信信号値
>
> ＝直前の復号後の信号値
>
> ＋（直前の復号後の信号値−2つ前の復号後の信号値）
>
> ＋今回の受信信号値

とします。

【例題 3-3】

標本化・量子化後の信号値が標本化時刻順に $1 \rightarrow 4 \rightarrow 9 \rightarrow 16 \rightarrow 25$ の場合において、上記の予測符号化を用いた場合と、基本的な符号化を用いた場合の所要ビット数の比率を求めなさい。

第3章 ●──── きれいな "音" を符号化しよう

解答

　基本的な符号化の場合の所要ビット数は、 DPCM の例題 3-2 と同様、1 → 4 → 9 → 16 → 25 を 2 進法表記にすると、

　　　　　　00001　00100　01001　10000　11001

となり、合計 25 ビット必要になります。

　次に予測符号化の場合の所要ビット数を求めましょう。1 → 4 → 9 → 16 → 25 の増分は、それぞれ 3、5、7、9 です。このため各時点での予測値は次のとおりになります。

・最初の信号については予測不可
・2 番目の信号は直前の信号と同じと考え、1 と予測
・3 番目の信号は、4（直前の信号値）＋3（直前の信号値 4－2 つ前の信号値 1）＝ 7 と予測
・4 番目の信号は 9（直前の信号値）＋5（直前の信号値 9－2 つ前の信号値 4）＝ 14 と予測
・5 番目の信号は 16（直前の信号値）＋7（直前の信号値 16－2 つ前の信号値 9）＝ 23 と予測

これらの予測値を並べると、次のとおりとなります。

　　　　　　予測値なし → 1 → 7 → 14 → 23

　予測できない最初の信号値以外は予測値との差分を符号化します。これらの手順を図 3.6、図 3.7 にて図解しています。

各時点での　前回の標本値　受信側で　受信側で予測した値と　2進符号化
標本化値　　との差分　　予測した値　標本化値との差分

①					01
④	＋	③	→ ①	3	11
⑨	＋	⑤	⑦	2	10
⑯	＋	⑦	⑭	2	10
㉕		⑨	㉓	2	10

図 3.6　予測符号化　例題 3-3 の図解（1）

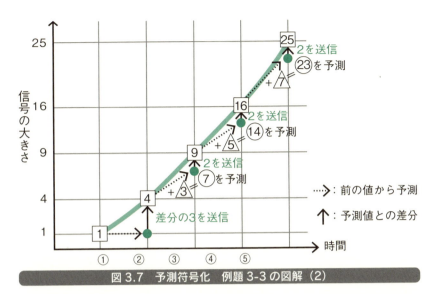

図 3.7　予測符号化　例題 3-3 の図解（2）

　図 3.6 の右端に示したとおり、各信号は 2 ビットで符号化できます。このため、5 信号分の符号化後の情報量は、

2bit × 5 個 = 10bit

となります。

　基本的な符号化では 25 ビット必要だったため、両者の比率は 10/25 = 2/5 = 40％となります。DPCM では 80％にしか減少できなかったので、この信号値の列の場合、直前および 2 つ前の信号値を用いた予測符号化のほうが効果的であることがわかります。

D　エントロピー符号化

● エントロピー符号化は、"0" と "1" の発生確率のかたよりを利用した高能率符号化です。

エントロピー符号化はたとえば、

　　・発生確率の高い符号列は短い符号列
　　・発生確率の低い符号列は長い符号列

に変換することによって、符号列長を短くする方法です。

【例3-1】

30ビットの符号列、

000000000000000001000000100000

の場合を見てみましょう。ほとんどの符号が"0"です。ここでは、符号を3ビットずつ区切ってみます。

000　000　000　000　000　001　000　000　100　000

3ビットずつのかたまりのほとんどが"000"です。この場合、

・発生確率の高い"000" → 短い符号列"0"に変換
・"000"以外の符号列は、元の符号列の前に"1"をつけた符号に変換。
　たとえば、
　　・発生確率の低い"001" → 長い符号列"1001"に変換
　　・発生確率の低い"100" → 長い符号列"1100"に変換

とします。そうすると、図3.8のとおり、30ビットから16ビットに削減できます。

000	000	000	000	000	001	000	000	100	000	30bit	基本的な符号化の場合
0	0	0	0	0	1001	0	0	1100	0	16bit	エントロピー符号化の場合

図3.8　エントロピー符号化の例

E　ハフマン符号化

- ハフマン符号化は、3.1.Dで説明したエントロピー符号化の一種です。
- ハフマン符号は、代表的な静止画像の高能率符号化方法であるJPEG[5]や、代表的な動画像の高能率符号化方法であるMPEG[6]を含め、広く利用されています。

ハフマン符号化の手順は次のとおりです。

ハフマン符号化の手順

1. 存在する符号列（以下原符号列[6]）を縦一列に並べて書く。

---

[5] JPEGは4.3.A、MPEGは5.2.Aを参照してください。

[6] 原符号列とはエントロピー符号化を行う前のひとかたまりの符号列のこと。前項の例では、原符号列は"000"、"001"、"100"になります。本項の例では、原符号列として"00"、"01"、"10"、"11"の場合を示しています。

ただし各原符号列は発生確率の高い順に上から並べて書く。

2. 各原符号列の右横にその原符号列の発生確率を書く。

3. 発生確率の最も小さい2つの原符号列を線分で結んで点を書き、その点（節点）と2つの原符号列を線分で結ぶ。この2つの線分にそれぞれ0、1の数値を書く。

4. 3で作った節点に2つの原符号列の発生確率の和を書く。また、結んだ2つの原符号列の横に示した発生確率を消す。これによって、記載した発生確率の和は常に1になる。

5. 現在残っている発生確率の数値のうち、最も小さい2つの数値を選ぶ。

6. 5で選んだ2つの数値に対応した原符号列、あるいは節点につき、3の操作を行う。

7. 以下、記載した発生確率が1になるまで、3～6の操作を繰り返す。

8. 最後の節点から各線分に書いた0あるいは1の数値をつないだ符号列が、各原符号列に対するハフマン符号である。

【例 3-2】

"0"の発生確率 0.9、"1"の発生確率 0.1 の符号のハフマン符号化の手順を示します。ここでは、原符号列として2桁の符号列（00、01、10、11）を考えます。各原符号列の発生確率は以下のとおりです。

00 の発生確率　$0.9 \times 0.9 = 0.81$

01 の発生確率　$0.9 \times 0.1 = 0.09$

10 の発生確率　$0.1 \times 0.9 = 0.09$

11 の発生確率　$0.1 \times 0.1 = 0.01$

この場合、手順1～8により図3.9が書けます[7]。

原符号列とその右のハフマン符号を対応づけることにより、

$$00 \to 0、01 \to 10、10 \to 110、11 \to 111$$

と変換すればよいことがわかります。

"0"と"1"の発生確率が、それぞれ18個/20個と、2個/20個である次の符号を上記のハフマン符号を用いて変換してみましょう。

[7] ハフマン符号を求めるためのこのような図をハフマン木といいます。

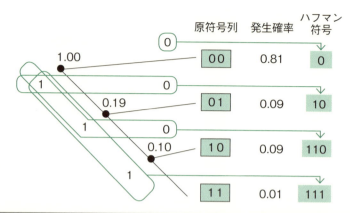

図 3.9 ハフマン符号の作成例

00	00	00	01	00	10	00	00	00	00	20bit
↓	↓	↓	↓	↓	↓	↓	↓	↓	↓	
0	0	0	10	0	110	0	0	0	0	13bit

図 3.10 ハフマン符号化の例

図 3.10 のとおり、この符号の場合 20 ビットから 13 ビットに削減できます。

3.2 高能率符号化（2）

A 最小可聴値

● 最小可聴値とは、雑音のない環境で人間に聴こえる最小限の音の大きさを周波数ごとに示した値のことです。

ある程度以上の大きさの音でないと、人には聴こえません。図 3.11 の破線は**最小可聴値**を示しています。図に示したとおり最小可聴値は周波数により異なります。

縦線は符号化したい音の周波数スペクトルの例を示したものです。「音」の情報を符号化するとき、図に示す周波数ごとの音の大きさを符号化しても、元の音を再生できます[8]。

図 3.11 の例では、周波数 f_1、f_8 の音は最小可聴値より小さいため人間には聴こえません。このため超音波などの高すぎる音や、建物がゆっ

---

[8] たとえば、2.1.C の式（2.1）に示した、音の各周波数の正弦波成分および余弦波成分の振幅情報を符号化する方法があります。

くり振動する時の低すぎる音など、"聴こえない音"の大きさの情報は"送信しなくてもよい"ことになります。

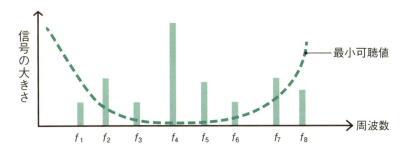

図 3.11　送信したい音の周波数スペクトルと最小可聴値

このように考えれば、f_1、f_8 の音の情報を省略し、図 3.12 に示した周波数の音の大きさの情報だけ送信すればよいことがわかります。このように一部の音の情報を省略することにより送信する情報量を減らすことができます。

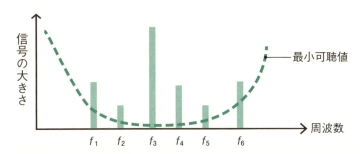

図 3.12　送信する必要のある音の周波数スペクトル

B　マスキング効果

- マスキング効果：大きな音により他の音が聴こえなくなること。
- 大きな音に近い周波数の音ほど、マスキング効果が大きい。
- 信号の周波数スペクトルのうち、最小可聴値より小さい部分の情報およびマスキング効果により聴こえない周波数の情報を省くことにより、きれいな音を保ちつつ符号化後のビット数を減らせます。

マスキング効果は、音の大きさにより変化します。図 3.13 の破線は、周波数 f_4 の大きな音のマスキング効果で聴こえなくなる音の範囲を示しています。この場合 f_3、f_5、f_6 の音がマスキング効果で聴こえな

くなります。

このため、f_3、f_5、f_6の音の情報を削除し、図3.14に示した周波数の音の情報だけ符号化すればよいことになります。

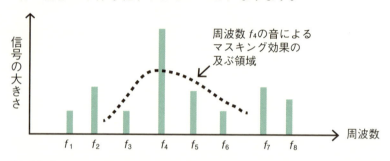

図3.13　符号化したい音の周波数スペクトル

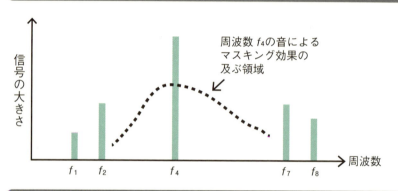

図3.14　送信する必要のある信号の周波数スペクトル

ⓐ 最小可聴値とマスキング効果を使った高能率符号化法

最小可聴値およびマスキング効果を使った高能率符号化法をまとめると、次のようになります。

音声情報として、各周波数成分の信号の情報を符号化する際に、
1. 最小可聴値より小さい振幅の周波数の情報
2. マスキング効果により聴こえない周波数の信号の情報

を省くことにより、符号化後のビット数を減らします。

たとえば図3.15の信号の場合、すべての周波数ではなく、図3.16に示すf_2、f_4、f_7の周波数成分の情報のみ送信すればよいわけです。

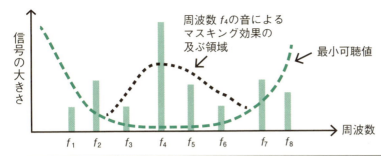

図3.15　送信したい音の周波数スペクトル

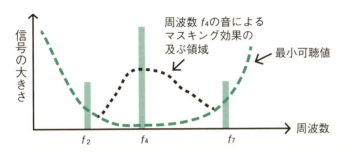

図3.16　送信する必要のある信号の周波数スペクトル

C　分析合成符号化

　前項までの高能率符号化は、音の時間波形や周波数スペクトルの情報を符号化していました。これに対し、**分析合成符号化**は音声の生成モデルを用いた高能率符号化です。

　音声の生成モデルは、図3.17に示す音源、調音、放射の三段階により構成されます。**音源**となる声帯で、発生する音の周波数が決まります。**調音**は、声帯で発生した音が喉を通る間に音（空気）に変化を与えることです。**放射**は、唇や鼻から体外に出るときに音に変化を与えることです。調音や放射によりさまざまな種類の音を作ることができます。

> ●分析合成符号化：「音源」の情報と「調音＋放射」の情報を符号化する方法。

　音声再生は、符号化された情報をもとに「音源」から発生した音に変化を与える方法により、同じような音声を再現します。この符号化法は、音声情報を非常に大幅に削減可能なため、スマートフォンや

IP電話など、音声の高能率符号化法として幅広く用いられています。

音源 音を発生させるもので、人間の場合は声帯。

調音 舌や唇などを動かし、声の通り道の形を変えることによって通過する空気（音）に変化を与え、さまざまな種類の音声を作り出すもの。

放射 口唇、鼻孔からの放射によって、音に変化を与えるもの。

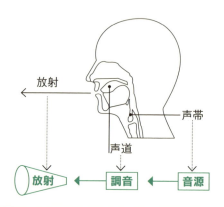

図 3.17　分析合成符号化のモデル

D　線形量子化と非線形量子化

- 線形量子化：すべての量子化ステップ幅が等しい量子化のこと。
- 非線形量子化：線形量子化以外の量子化のこと。

線形量子化の例を図 3.18、**非線形量子化**の例を図 3.19 に示します。非線形量子化を用いるメリットは、次項で学びます。

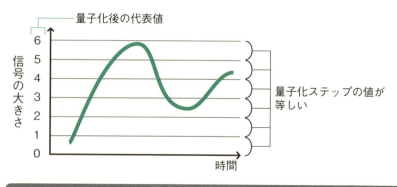

図 3.18　線形量子化

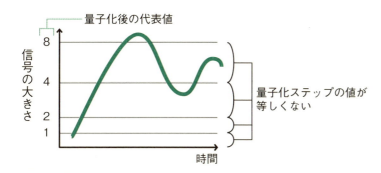

図 3.19　非線形量子化

E 非線形量子化を用いた高能率符号化

　人間の声や音楽は、いつも同じ大きさの音とは限りません。図3.20のように大半は小さな音で、まれに大きな音になることがよくあります。このような場合、線形量子化を用いて小さな音まできれいに再現しようとすると、量子化ビット数が非常に多くなります。一方、量子化ステップ幅を大きくすると、量子化誤差[9]が大きくなるため小さな音の波形が大きく崩れます[10]。

　このような場合、図3.20のように、**小さな音は小さな量子化ステップ幅**で量子化し、**大きな音は大きな量子化ステップ幅**で量子化します。

[9] 量子化誤差は、2.2.D 参照。

[10] 量子化ステップ幅が大きいと、小さな信号値はすべて0に量子化されてしまうかもしれません。

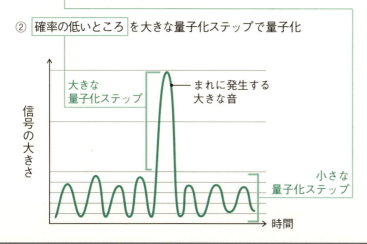

図 3.20　非線形量子化を用いるケース

このような非線形量子化により、図3.20の小さな量子化ステップ幅で大きな音まで線形量子化した場合にくらべ、少ない量子化ビット数で小さな音もほぼ正確な波形に復元できる量子化を行えます。

以下では、ほぼ正確な波形を復元できているかどうかを、量子化雑音電力という指標で確認しています。量子化雑音電力は、量子化誤差の大きさを表す指標で、7.1.Fで詳しく説明します。

ⓐ 非線形量子化を用いた高能率符号化法の効果の計算

前項で示した非線形量子化の効果を次の具体例を用いて計算してみましょう。

【例3-3】

確率密度が次のように表される信号を考えます[11]。

- $-1 \sim +1$ の区間　　　　　　⇒ 信号xの確率密度 0.47
- $-4 \sim -1$ および $1 \sim 4$ の区間　⇒ 信号xの確率密度 0.01
- 上述以外の区間　　　　　　⇒ 信号xの確率密度 0

図3.21のように、$-1 \sim 1$ の区間の確率密度は高く、それ以外の区間は低くなっています。

[11] 確率密度の意味は、7.1.Dを参照してください。

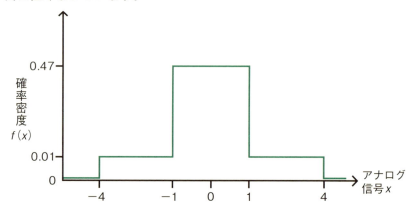

図3.21　アナログ信号の確率密度

この場合、$-1 \sim 1$ の区間の確率密度が高いので、この区間の量子化ステップ幅を小さくすると量子化誤差を減らすことができそうです。

以下に図3.21の例において線形量子化あるいは非線形量子化を行ったときの量子化雑音電力をそれぞれ計算しています。両者の比較から、

非線形量子化が高能率符号化を行う上で有効な方法であることを確認してください。

ⓐ-① 線形量子化を行った場合の量子化雑音電力[12]

−4〜4の全区間

⇒量子化ステップ幅 $s = 1$ で代表値 −4、−3、−2、…、3、4、すなわち量子化ステップ数 9 の場合を考えます。

$-s/2$〜$s/2$ の区間で一様分布する信号を、量子化ステップ幅 s で $-s/2$ あるいは $s/2$ の近いほうの値に量子化した場合の量子化雑音電力は $\dfrac{s^2}{12}$ です[13]。今回の場合 $s = 1$ なので、−4〜−3、−3〜−2、…、3〜4 のどの区間でも、

量子化雑音電力 = 1/12

となります。

全区間の量子化雑音電力の平均値は、

ある区間での量子化雑音電力 × その区間に存在する確率

を全区間分、足しあわせることで求められます。このため、全区間の量子化雑音電力の平均値も、次式のとおり 1/12 となります。

$$\underbrace{1/12 \times 0.01 \times 3}_{\substack{-4〜-1の区間の \\ 量子化雑音電力}} + \underbrace{1/12 \times 0.47 \times 2}_{\substack{-1〜1の区間の \\ 量子化雑音電力}} + \underbrace{1/12 \times 0.01 \times 3}_{\substack{1〜4の区間の \\ 量子化雑音電力}} = 1/12$$

ⓐ-② 非線形量子化を行った場合の量子化雑音電力

以下のとおり、確率密度の高いところを小さな量子化ステップ幅 0.5 で量子化し、確率密度の低いところを大きな量子化ステップ幅 1.5 で量子化します。量子化ステップ数は $a-1$ の線形量子化と等しい 9 としています。

−4〜−1の区間

⇒量子化ステップ幅 $s_1 = 1.5$ で、代表値 −4，−2.5，−1 に量子化

12
量子化雑音電力の意味は、7.1.F 量子化雑音電力の項を参照してください。

13
量子化雑音電力の求め方は、7.1.F 量子化雑音電力の項を参照してください。

－1～＋1の区間

⇒量子化ステップ幅 $s_2 = 0.5$ で、代表値 $-1, -0.5, 0, 0.5, 1$ に量子化

1～4の区間

⇒量子化ステップ幅 $s_1 = 1.5$ で、代表値 $1, 2.5, 4$ に量子化

　線形量子化と同様に、上述の各区間内での信号の確率密度は均一なため、各区間での量子化雑音電力は、$\frac{s^2}{12}$ の s にそれぞれの区間の量子化ステップ幅である 1.5 あるいは 0.5 を代入すれば計算できます。このため、全区間の量子化雑音電力の平均値は、次式のとおり $0.37/12$ となります。

$$\underbrace{1.5^2/12 \times 0.01 \times 3}_{\substack{-4～-1の区間の \\ 量子化雑音電力}} + \underbrace{0.5^2/12 \times 0.47 \times 2}_{\substack{-1～1の区間の \\ 量子化雑音電力}} + \underbrace{1.5^2/12 \times 0.01 \times 3}_{\substack{1～4の区間の \\ 量子化雑音電力}} = 0.37/12$$

　同じ代表値数 9 個の場合の線形量子化では $1/12$ ですから、非線形量子化により 1 標本点当たりのビット数を増やすことなく、量子化雑音電力を 37% とほぼ $1/3$ に低減できていることがわかります。

　この非線形量子化を用いることにより、線形量子化と同じ量子化雑音電力に抑えつつ 1 標本点当たりのビット数を減らすこともできます。以上をまとめると次のことがいえます。

> ●小さな音は小さな量子化ステップ幅で量子化し、大きな音は大きな量子化ステップ幅で量子化することで、符号化後のビット数を増やさずに量子化雑音電力を大幅に低減できる場合があります。

　会話では、時々大きな声を出す場合が多いため、上述の仕掛けを用いた非線形量子化による情報量の削減を図っています。

この章のまとめ

1 高能率符号化とは、基本的な符号化より少ないビット数で、基本的な符号化と同様の品質を得られるように工夫した方法のことです。符号圧縮ともいいます。

2 差分パルス符号変調（DPCM、Differential PCM）は、ある時点での信号値が直前の信号値と等しいと予測し、実際の信号値と予測値との差分を送信する方法です。

3 予測符号化は、符号化したい信号値を周囲の標本値から予測し、予測値と実際の標本値の差分を符号化する方法です。

4 直前および2つ前の信号値を用いた予測符号化の例として、ある時点での信号値＝直前の信号値＋直前と2つ前の信号値間の増分、と予測し、実際の信号値と予測値との差分を符号化する方法があります。

5 エントロピー符号化は、"0" と "1" の発生確率のかたよりを利用した高能率符号化です。

6 ハフマン符号化はエントロピー符号化の一種です。

7 ハフマン符号化は、代表的な静止画像の高能率符号化方法であるJPEG や、代表的な動画像の高能率符号化方法である MPEG を含め、広く利用されています。

8 最小可聴値とは、雑音のない環境で人間に聴こえる最小限の音の大きさのことです。

9 マスキング効果は、大きな音により他の音が聴こえなくなる効果のことです。

10 大きな音に近い周波数の音ほど、マスキング効果は大きくなります。

→続く

第3章 ●——— きれいな "音" を符号化しよう

この章のまとめ

11 最小可聴値より小さい振幅の周波数の信号の情報およびマスキング効果により聴こえない周波数の信号の情報を省くことにより、きれいな音を保ちつつ符号化後のビット数を減らせます。

12 分析合成符号化：「音源」の情報と「調音＋放射」の情報を符号化する方法。

13 線形量子化：すべての量子化ステップ幅が等しい量子化のこと。

14 非線形量子化：線形量子化以外の量子化のこと。

15 小さな音は小さな量子化ステップ幅で量子化し、大きな音は大きな量子化ステップ幅で量子化することで、量子化雑音電力増大を抑えながら符号化後のビット数を削減できます。

練　習　問　題

問題 1　高能率符号化の方法を 5 種類挙げなさい。

問題 2　量子化後の値が、0，3，6 の符号列がある。

(1) この符号列を圧縮せずに、各符号とも同じ桁数かつその中で最小桁数の 2 進符号に変換したときの送信符号列全体を示しなさい。

(2) DPCM による予測符号化を行います。各送信信号とも同じ桁数かつその中で最小桁数の符号に変換した場合の送信符号列全体を表しなさい。

問題 3　量子化後の値が、0，1，3，6 の符号列がある。

(1) この符号列を圧縮せずに、各符号とも同じ桁数かつその中で最小桁数の 2 進符号に変換したときの送信符号列全体を示しなさい。

(2) 「この章のまとめの 4」に記した予測符号化を行うとき、各送信信号とも同じ桁数かつその中で最小桁数の 2 進符号に変換したときの送信符号列全体を表しなさい。

問題 4　0 の発生確率が 0.8、1 の発生確率が 0.2 の符号列がある。原符号列を 00、01、10、11 として、この符号列をハフマン符号化する場合、各原符号列はどのような符号列に変換すればよいかを次の手順で求めなさい。

(1) 図 3.9 と同様の図面を表しなさい。

(2) 原符号列とハフマン符号の対応関係を示しなさい。

問題 5　00011000 の符号列に対し、00 → 0、01 → 10、10 → 110、11 → 111 の符号変換を行う。符号変換後の符号列を示しなさい。

問題 6　00 → 0、01 → 10、10 → 110、11 → 111 の符号変換を行ったあとの符号列が 00100 だった。符号変換前の符号列を表しなさい。

➡続く

練 習 問 題

問題7 　下図の各太線は信号の各周波数成分の振幅の大きさを示すものとする。このとき、最小可聴値とマスキング効果を利用した高能率符号化法では、周波数f_1〜f_8のうちどの周波数の信号の情報を送信すればよいか。

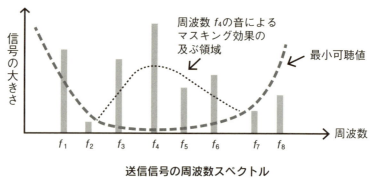

送信信号の周波数スペクトル

問題8 　線形量子化とはどういうものか。簡潔に説明しなさい。

問題9 　非線形量子化とはどういうものか。線形量子化という言葉を用いて簡潔に説明しなさい。

問題10 　符号化後のビット数が同じ非線形量子化と、線形量子化を比べると、非線形量子化のほうが量子化雑音電力を低減できる例を1つ示しなさい。

第4章

"静止画像"を符号化しよう

教師：夏休みは楽しめましたか。

学生：いろんなところを旅行してきました。おかげで写真もたくさんとれました。

教師：それは良かったですね。

学生：ただ、友達のカメラより古いせいか、画像があまりきれいではないのです。

教師：どの程度の画素数のカメラを使っていますか。

学生：画素数？ そういえば、そういうものがありましたね。

教師：あと、画像の圧縮はどのような方法を使っていますか。

学生：それもあまり気にしていませんでした。

教師：それらの言葉やしくみがわかれば、写真撮影も旅行ももっと楽しくなるかもしれませんよ。

この章で学ぶこと

1 静止画像の符号化方法のしくみを理解する。
2 画像の品質（画質）を表す主な用語を理解する。
3 画像をアナログ・ディジタル変換したときの情報量の計算方法を理解する。
4 静止画像の高能率符号化の基本的なしくみを理解する。
5 代表的な静止画像高能率符号化方法の一つであるJPEGの基本的なしくみを理解する。

第4章 ● "静止画像" を符号化しよう

4.1 静止画像を符号化しよう

A 画素

- 静止画像は、動きのない画像のことです。
- 画素：画像を構成する最小単位の要素のこと。標本化においては、標本化する点のこと。ピクセルともいいます。

静止画像は動きのない、言い換えれば時間により変化しない画像のことです。絵画や写真などが静止画像です。白黒画像は静止画像平面内の各部分から発する光の強さの情報、カラー画像は赤、緑、青の光の強さの情報をもとに再現します。

音の情報は、時刻により変化する空気の振動量で表せました。静止画像は時刻による変化はありません。しかし静止画像内の縦方向、横方向の座標値ごとに、それぞれの部分で発光あるいは反射・散乱する光の強さが異なります。音の情報はある一定時間間隔で標本化を行います。これに対し、表 4.1 に示すとおり、静止画像の情報を表すには、縦横 2 つの方向（次元）で一定の距離（間隔）離れた各部分からの光の強さの標本化が必要です。以下、具体例を用いて静止画像の符号化方法を説明します。

表 4.1 音と画像の符号化

	音	画像
扱う量	音の大きさ	光の濃さ （白黒の場合は、白色光の強さ） （カラーの場合は、赤、青、緑などの各色光の強さ）
標本化する 次元（軸）	時刻 （1 次元）	静止画像 空間（長さ）→ 通常、縦×横（2 次元） 動画像 空間（縦×横）×時刻（3 次元）

静止画像には次のようにいろいろな種類があります。

❶ **1 次元白黒画像** ⇒ **例** バーコード

❷ **2 次元白黒画像** ⇒ **例** QR コード、 電光掲示板

66

ⓒ 2次元グレースケール画像 ⇒ **例** 白黒写真

ⓓ 2次元カラー画像 ⇒ **例** カラー写真

これらの符号化のしくみを順に理解していきましょう。

ⓐ 1次元白黒画像の例

バーコードを代表例とした1次元白黒画像を見てみましょう。

図4.1 はバーコードの一部です。横に引き伸ばしたものを図の下側に示します。画像はこのように白の部分と黒の部分が一方向に並んだものとなっています。この場合、画像を構成する要素である**画素**（**ピクセル**）の色は白、黒のみです。

図4.1　1次元白黒画像の例（バーコードの一部分）

ⓑ 2次元白黒画像

図4.2 は数字を表す電光掲示板の例です。今度は横方向だけではなく、縦方向にも白黒の変化があります。2次元白黒画像は、**画素**が白と黒のみで、縦、横両方向に2次元に並んだ画像といえます。

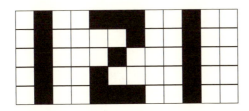

図4.2　2次元白黒画像の例（電光掲示板）

ⓒ 2次元グレースケール画像

2次元グレースケール画像の例として山の風景にモザイクがかかったものを図4.3 に示します。この場合、画像内のそれぞれの四角が**画**

素です。通常の白黒写真はこの四角の1辺が十分小さいものです。

❺項の白黒画像と異なり、白、黒以外に明るさの異なる多数の灰色の画素も構成要素になっていることがわかります。

図4.3　2次元グレースケール画像の例

❹ 2次元カラー画像

2次元カラー画像は、白、黒の**画素**以外に、赤、青、緑あるいはそれらの合成光も含まれたものです。

Ｂ　画像情報の符号化

4.1.A で学んだ各画像の符号化方法を順に示します。

❶ 1次元白黒画像情報の符号化方法

図4.4に記したバーコードの一部の符号化を例に説明します。

この1次元画像情報は、音の符号化と同様に次の手順で符号化できます。

図4.4　符号化したい1次元画像

【1次元画像情報の符号化手順】
手順1．1次元画像情報のグラフ化
　図4.5の下のように反射している白色光の強さの横方向変化をグラフにします。1次元画像はきれいな白黒に見えますが、実際は多少光の強さにムラがあるため、光の強さのグラフは少しギザギザしたものになります。

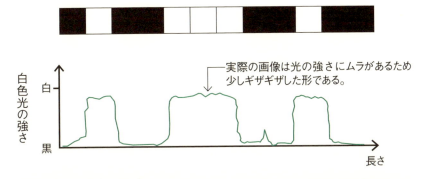

図4.5　1次元画像のグラフ作成

手順2．1次元画像情報の標本化
　音の場合の一定時間ごとの標本化に相当する標本化を行います。画像の場合、図4.6のように横方向の一定間隔ごとの白色光の強さを標本化します。

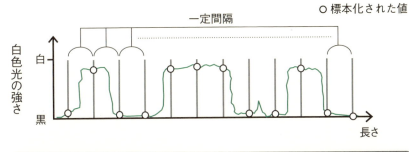

図4.6　1次元画像の標本化

手順3．1次元画像の量子化
　手順2で標本化した値に対し、図4.7のように白あるいは黒を代表する値に量子化します。

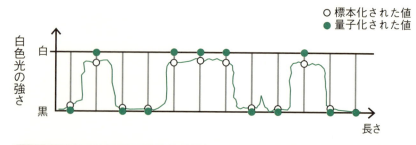

図4.7　1次元画像の量子化

手順4．量子化された値の符号化

　手順3で量子化された値を符号化します。図4.7で得られた量子化後の値は2値のため、図4.8のように白→1、黒→0と符号化できます。

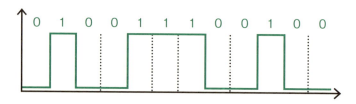

図4.8　ケース❶（1次元白黒画像情報）の符号化

　符号化されたディジタル信号をもとに画像を復元すると、図4.4の画像になります。

❶　2次元白黒画像情報の符号化

　2次元の画像で画素の色が、白か黒の2色のみのケースです。この場合、まず2次元画像を横に細長く切り分けます。次に切り分けた短冊を、画像の上のものから順に横に並べていきます。短冊を N 本に切って横に並べたら、1本の短冊の N 倍の長さの短冊になるわけです。この長い短冊を、ケース❶と同じ手順で符号化します。以下に、図4.9を用いて説明します。

【2次元画像情報の符号化手順】

1. 符号化する2次元画像を選びます。
2. 2次元画像を細長い横長の短冊に切り分けます。ここでは5つの

短冊に切り分けています。
3. 一番上の短冊の右に 2 番目の短冊、その右に 3 番目の短冊、…と並べます。これにより、1 次元画像に変換できるわけです。
4. 一次元画像と同様に光の強さをグラフにします。
5. 一次元画像と同様にグラフの値を標本化、量子化、符号化します。

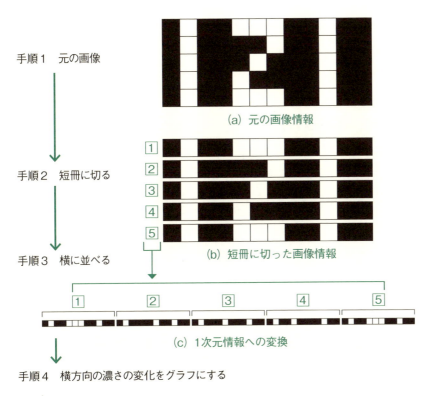

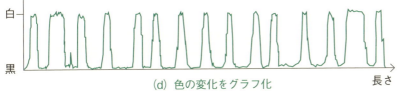

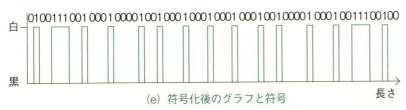

図 4.9　ケース❺（2 次元白黒画像情報）の符号化

ⓒ 2次元グレースケール画像情報の符号化

2次元画像で画素が白、黒以外の、いろいろな明るさの灰色もある場合を考えます。符号化の手順はケースⓑと同じです。ただし、いろいろな明るさの灰色があるため、量子化ステップ幅は、ケースbより細かくする必要があります。

ⓓ 2次元カラー画像情報の符号化

2次元カラー画像の場合を考えます。

ケースⓐ～ⓒは白黒画像でしたので、画像の各部分の白色光の強さをグラフ化していました。

カラーのすべての色は、赤、緑、青の各色の光を組み合わせれば表現できます[1]。このため、ある特定の色の情報は、「赤色光の強さ」、「緑色光の強さ」、「青色光の強さ」で示すことができます。

このためカラー画像の符号化は図4.10に示すように、

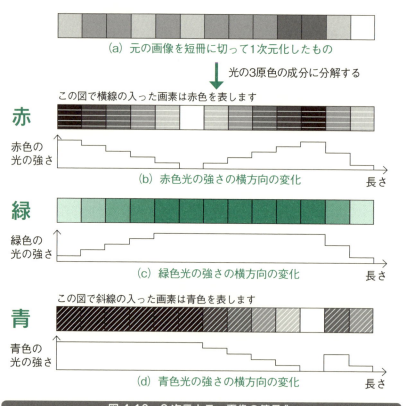

図4.10 2次元カラー画像の符号化

---

[1] 正確には、赤、緑、青の組み合わせで表現できない色が一部あります。赤、緑、青にそれぞれ近い3種類の色の組み合わせ（XYZ表式系という）を用いることで、この問題は解決されています。

① 赤、緑、青の各色光の強さのグラフ化
② それぞれの色のグラフに示された情報の符号化（標本化＋量子化＋符号化）

により行えます。

C 空間周波数

前項で静止画像も標本化、量子化、符号化により、ディジタル信号に変換できることがわかりました。では、どの程度の間隔で画像情報を標本化すればよいのでしょう。この疑問に対する答えを理解するため、まず空間周波数という言葉の意味を理解しましょう。

- **空間周波数**　　　：一定距離ごとに繰り返される現象の、単位距離当たりに繰り返される数。
- **空間周波数の単位**：代表例として、1m 当たりに繰り返す数を表す［1/m］があります。

第 2 章では周波数という言葉を覚えました。これは一定**時間間隔**ごとに繰り返される現象の性質を表す言葉です。これに対し**空間周波数**は、図 4.11 の上側の図に示すような、周期的に明るさや色の変化する画像の性質を表す言葉です。

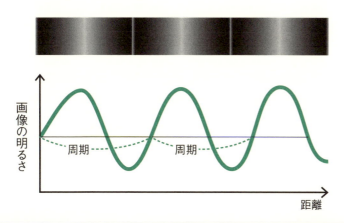

図 4.11　周期的に明るさの変化する画像

第4章 ● "静止画像" を符号化しよう

　たとえば1m当たり明暗を10回繰り返す場合は、10［1/m］のように**空間周波数**の単位として［1/m］を用います。1秒当たりの繰り返し数を表すヘルツ［Hz］のように人の名前を用いた単位はありません。

　第2章では音の標本化について、「標本化する信号の最高周波数の2倍より高い標本化周波数で、一定時間間隔に標本化すればよい」と学びました。これに対して画像の標本化は、「一定時間」ではなく「一定の（長さの）間隔」ごとに行います。この「一定の間隔」の満たすべき条件を考える上で、空間周波数という概念を使います。

Ⓓ 空間周波数を用いた標本化間隔の決め方

> ●最高空間周波数の2倍より高い空間周波数に対応する間隔で標本化すれば、短冊の画像情報を欠落なく符号化できます。

　4.1.Bで説明した画像のうち、横に細長い短冊に切ったものを考えます。図4.9（d）のような波形は、音の場合と同様、いろいろな空間周波数を持った波形（サイン波やコサイン波）の足し合わせで表現できます。

　画像情報の標本化間隔を考える場合、この足し合わせに用いる波形の中で最高の空間周波数のものを見つけます。この最高空間周波数の2倍より高い空間周波数に対応する間隔で標本化すれば、短冊の画像情報を欠落なく符号化できます。

　標本化したい画像を分解したときの最高空間周波数成分を求めるには、どのような波形の足し合わせで表現できるかを計算する必要があります。しかし直感的には、図4.12に示すように最も細かい間隔の明るさの変化が連続すると考えた時の、単位長さ当たりの変化の回数が最高空間周波数に近いと考えられます。この直感がほぼ正しいとすると、標本化周波数をこの細かい間隔の波形の空間周波数の2倍より大きくする必要があります。周波数と周期は逆数の関係にありますから、標本化間隔は最も細かい間隔の半分未満にする必要があることになります。この場合、図に表したように細かく変化している箇所の明るい部分と暗い部分を交互に標本化する必要があります。

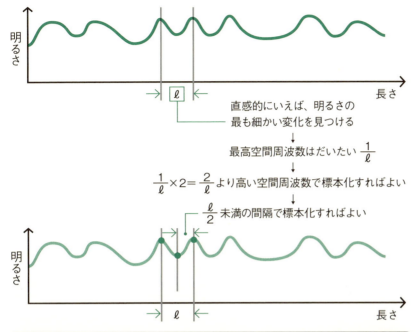

図 4.12　空間周波数を使った標本化間隔の決め方

【例題 4-1】

最高空間周波数が 500 [1/m] の細長い画像の場合、どの程度の間隔で標本化すればよいか。

解答

500 × 2 = 1000 [1/m] より高い空間周波数で標本化すればよい。

つまり、1/1000 = 0.001 [m] = 1 [mm] 未満の間隔で標本化すればよい[2]。

【例題 4-2】

縦横とも最高空間周波数が 500 [1/m] で、横 1m × 縦 0.5m の画像の場合、縦横をそれぞれどのような間隔で標本化すればよいか。また標本化すべき点の数（画素数）はおおよそいくらか。

解答

図 4.13 に示すように縦横それぞれ、

500 × 2 = 1000 [1/m]

より高い空間周波数で標本化すればよい。

つまり、

---

[2] 通常の画像では、最高空間周波数に一致する成分を無視できます。この場合、2.2.B 標本化定理（別表現）を適用でき、例題 4-1 の解答は 1 [mm] の間隔で標本化、例題 4-2 の解答は 50 万回行えばよい、となります。

$$1/1000 = 0.001\ [\text{m}] = 1\ [\text{mm}]\ \text{未満}$$

の間隔で標本化すればよい。横方向は 1m だから、

$$1000\ [1/\text{m}] \times 1\ [\text{m}] = 1000\ [\text{回}]$$

となる。

図 4.13　標本化すべき点の数

　このことから横方向の標本化は、1000 回より多く行えばよいことがわかる。この横方向 1000 回の標本化を縦方向に、

$$1000\ [1/\text{m}] \times 0.5\ [\text{m}] = 500\ [\text{回}]$$

より多く繰り返す必要がある。このため、

$$1000 \times 500 = 500000$$

つまり、50 万回より多く行えばよいことになる[3]。

3
側注 2 に示したとおり、通常の画像であれば 50 万回行えばよいことになります。

E　標本点の配列

● 2 次元標本化　　：縦方向および横方向の 2 方向について標本化すること。
● 標本点　　　　　：標本化する点。サンプリング点ともいいます。
● サンプリング格子：標本点の配列を示す格子。

　音の標本化が一定間隔で行われるのと同様に、**2 次元標本化**も通常縦方向、横方向それぞれ一定間隔ごとに標本化します。図 4.14 のとおり、**標本点（サンプリング点）**の配列は、正方形、長方形、あるいは六角形格子の中心とする場合があります。この格子（**サンプリング格子**）として、一般には正方形格子が用いられます。この正方形、長

方形、六角形が、それぞれの画像の画素です。

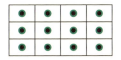

(a) 標本化方法（1）　　(b) 標本化方法（2）　　(c) 標本化方法（3）
　　正方形格子　　　　　　　長方形格子　　　　　　　六角形格子

図 4.14　標本点の配列例

　図 4.15 に、標本化する点数（**サンプリング点数**）による画像の違いを示します。画素はすべて正方形格子です。サンプリング点数が少なくなるに従い、画像が正方形のモザイク模様に見えることがわかります。

上段　左：256 × 256 画素　　右：128 × 128 画素
下段　左：64 × 64 画素　　　右：32 × 32 画素

図 4.15　サンプリング点数による画像の変化

F　シーケンシャル符号化

- シーケンシャル符号化は画像の符号化方法の一つです。
- シーケンシャル符号化では、鮮明な画像を上から順に符号化し、表示します。

シーケンシャル符号化の例を図 4.16 に示します。Fax などはこの

方法を用いています。長所、短所は次のとおりです。

　　長所：最初から鮮明な画像が表示されます。

　　短所：画像全体表示までに時間がかかります。

　このため文章の送信などには適しています。一方、Web での画像検索など、画像全体の大まかな様子を早く知りたい場合は、適切な方法とはいえません。

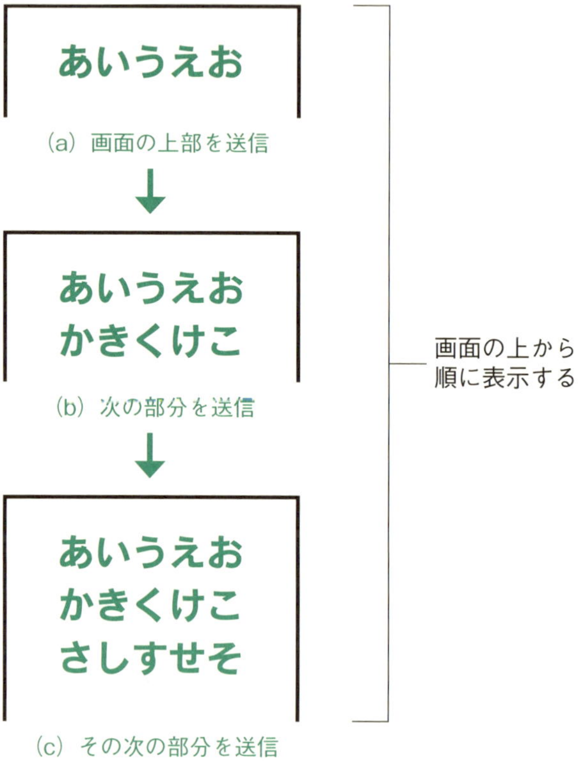

```
┌─────────────┐
│  あいうえお   │
└─────────────┘
```
（a）画面の上部を送信

↓

```
┌─────────────┐
│  あいうえお   │
│  かきくけこ   │
└─────────────┘
```
（b）次の部分を送信

↓

```
┌─────────────┐
│  あいうえお   │
│  かきくけこ   │
│  さしすせそ   │
└─────────────┘
```
（c）その次の部分を送信

画面の上から順に表示する

図4.16　シーケンシャル符号化

Ⓖ プログレッシブ符号化

- ●プログレッシブ符号化も画像の符号化方法の一つです。
- ●プログレッシブ符号化は、最初全体像がある程度わかる画像を表示し、その後徐々に画質をよくしていく方法です。

プログレッシブ符号化の例を図 4.17 に示します。Web での画像検索ではよく見かける方法です。長所、短所は以下に示すとおりシーケ

ンシャル符号化と逆になります。

　　長所：画像全体の大まかな様子を短時間で表示できます。

　　短所：鮮明な画像の表示に時間がかかります。このため、小さ
　　　　　な文字を読めるようになるまでに時間がかかります。

　この方法では、表示しつつある画像が検索したい画像でないことを、鮮明な画像が表示される前に確認できる場合も多く、鮮明な画像が表示される前に次の画像検索に移れる利点があります。

最初は輪かくのみ
表示される

(a) まず輪郭のみ表示

徐々に
姿がわかる

(b) 姿がわかる

最後に鮮明な
画像になる

(c) 鮮明な画像になる

図 4.17　プログレッシブ符号化

H　階調数・Nビット階調

- 階調数　　　：モニタなどで表すことのできる画素の明るさ
　　　　　　　　の数や各色光の強さの数。
- N ビット階調：1 画素の各色光の強さの表現に必要な情報量
　　　　　　　　をビット単位で表現したもの。

たとえば白と黒のみ表せるモニタは**階調数**2、白・薄い灰色・濃い灰色・黒と4種類の明るさを表現できる場合は階調数4といいます。階調数が大きいほど明るさや色のなめらかな変化を表現できるので、自然に近い画像を描けます。

4種類の明るさは、2進符号00、01、10、11と2ビットの符号で表現できるので2ビット階調ともいいます。**Nビット階調**は、階調数 2^N を表現できます。

人間の目が区別できる明るさは256段階程度です。このため、白黒画像では階調数256を表せる8ビット階調程度を使用します。カラー画像の場合は、おおむね3色それぞれ256段階程度の光の強さを区別できるためため、きれいなカラー画像を表現したい場合は8ビット×3色分の24ビット階調が一般に用いられています。

図4.18は、階調数の異なる白黒画像です。8ビット階調では灰色の部分が1ビット階調では白か黒になっていることがわかります。

上段　左：8ビット階調　右：3ビット階調
下段　左：2ビット階調　右：1ビット階調

図4.18　階調数による画像の違い

【例題 4-3】
階調数256は、何ビット階調ですか？

解答

$256 = 2^8$ → 8ビット階調

【例題 4-4】

10 ビット階調の階調数はいくつか？

解答

$2^{10} = 1024 \rightarrow$ 階調数 1024

Ⅰ 解像度・所要画素数

- **ドット：モニタやプリンタが表示・印刷する画像の点のこと。**
- **解像度：単位長さ当たりに存在するドットの数。**

ドットは、画像を表示・印刷するときの最小単位の点や領域です[4]。

解像度の単位には、1 インチ当たりの**画素数**を表す dpi（dot per inch）が用いられます[5]。たとえば、1 インチ当たり 72 個のドットの場合、解像度 72dpi、といいます。

解像度と画面の大きさがわかれば、次の式で 1 画面のドット数を求めることができます。

- **画素数＝（横方向の解像度）×（画面の横の長さ）**
  ×（縦方向の解像度）×（画面の縦の長さ）

【例題 4-5】

縦 3 インチ、横 5 インチで、縦横とも解像度 200dpi の画像の画素数を求めなさい。

解答

図 4.19 のとおり、縦 200 × 5 個、横 200 × 3 個の画素が並んでいるので、全画素数は、

200 × 5 × 200 × 3 = 1000 × 600 = 600000 = 60 万画素

と求められます。

4
ピクセル（画素）は色（色調や階調）の情報も持つ画像情報の最小単位です。ドットは色情報がなく単なる最小単位の点や領域のことです。

5
画像を構成する最小単位の点や領域の数を画素数といいます。

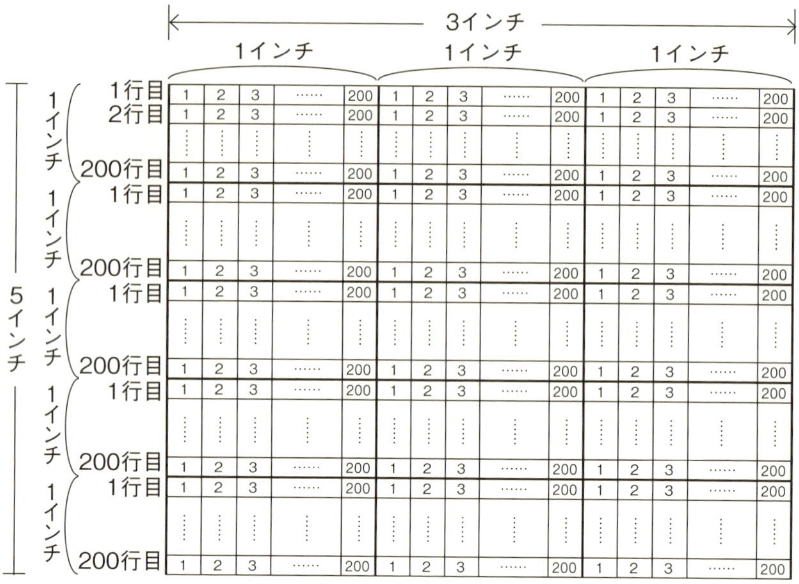

第4章 ● "静止画像" を符号化しよう

3インチ

1インチ ／ 1インチ ／ 1インチ

	1	2	3	……	200	1	2	3	……	200	1	2	3	……	200
1行目	1	2	3	……	200	1	2	3	……	200	1	2	3	……	200
2行目	1	2	3		200	1	2	3		200	1	2	3	……	200
200行目	1	2	3	……	200	1	2	3	……	200	1	2	3	……	200
1行目	1	2	3	……	200	1	2	3	……	200	1	2	3	……	200
200行目	1	2	3	……	200	1	2	3	……	200	1	2	3	……	200
1行目	1	2	3	……	200	1	2	3	……	200	1	2	3	……	200
200行目	1	2	3	……	200	1	2	3	……	200	1	2	3	……	200
1行目	1	2	3	……	200	1	2	3	……	200	1	2	3	……	200
200行目	1	2	3	……	200	1	2	3	……	200	1	2	3	……	200
1行目	1	2	3	……	200	1	2	3	……	200	1	2	3	……	200
200行目	1	2	3	……	200	1	2	3	……	200	1	2	3	……	200

（縦：5インチ、1インチごとに200行）

図 4.19　画素数の計算

J　カラー画像

● **カラー画像は、各画素に含まれる赤、青、緑など複数色の光の強さの組み合わせで表せます。**

1画像で赤、緑、青すべてを表すには最低限3ビット（3ビット階調、このとき赤、緑、青各1ビット）必要です。3ビット階調では $2^3 = 8$ 色を表せます。

よく使用される階調数を以下に記します。

・**8ビット階調**　→256色（2の8乗）

・**16ビット階調**　→約6万色（2の16乗）

・**24ビット階調**　→約1677万色（2の24乗）

色を表現する体系を**表色系**といいます。以下に代表的な表色系を示します。

ⓐ RGB 表色系

ほぼすべての色は、赤、緑、青の３色の光の足し合わせで表現できます。この「赤の光の強さ」、「緑の光の強さ」、「青の光の強さ」で、画素の色を表現する方法が **RGB 表色系**です[6]。

ⓑ CMYK 表色系

シアン、マゼンダ、イエロー、ブラックの４種類の色のインクの足し合わせによる表現法を **CMYK 表色系**といいます。印刷時のインクの配合具合を表す場合によく用いられます[7]。

ⓒ 輝度信号と色差信号を用いる方法

RGB 表色系は、赤、緑、青それぞれの色の光の強さの情報を用いています。このほかに３色合計の光の強さ（輝度）と青、赤それぞれの光の強さに関する情報を用いる表現法もあります。３色すべての色を足し合わせた光の強さを表すのが **輝度信号**です。また青、赤の光の強さに関する情報は、**色差信号**と呼ばれる２種類の信号でそれぞれ表されます[8]。輝度信号、色差信号の用途の例は 4.2.A 項に記します。

Ⓚ 静止画像の情報量

● ディジタル静止画像の情報量

＝画素数×１画素当たりのビット数

＝横の画素数×縦の画素数×１画素当たりのビット数

＝（横方向の解像度）×（横の長さ）

　　×（縦方向の解像度）×（縦の長さ）

　　×（１画素の表現に用いる情報量）

静止画像の情報量計算の具体例

【例題 4-6】

縦６インチ、横８インチで、縦横とも解像度 100dpi のモニタの画素数を求めなさい[9]。

解答

縦方向の画素数＝ 100 ドット／インチ× ６インチ＝ 600 ドット

6

表式系で用いられる光の強さは、物理的な光の強さではなく各色に対する人の目の感度を考慮した値です。

7

シアン、マゼンダ、イエローの３色で、原理的には黒色も表現できます。しかし、実際にはシアン、マゼンダ、イエローの組み合わせで真っ黒を表示するのは困難なため、黒を加えた４色の表色系が用いられます。

8

２つの色差信号はそれぞれ、（青の光の強さ－輝度）、（赤の強さ－輝度）を表しています。

9

実際のディスプレイ画面における解像度は、144dpi、120dpi などですが、ここでは、理解しやすいように計算しやすい値を用いています。

第 4 章 ●———— "静止画像" を符号化しよう

横方向の画素数 = 100 ドット / インチ × 8 インチ = 800 ドット

モニタ全体の画素数 = 600 × 800 = 48 万ドット

【例題 4-7】

例題 4-6 のモニタが 24 ビット階調の場合、1 画面の表示に必要な情報量を求めなさい。

解答

48 万ドット × 24 ビット / ドット = 1152 万ビット

バイト単位にすると、

1152 万ビット ÷ 8 = 144 万バイト

となります。

4.2 静止画像を高能率符号化しよう（1）

画像情報は 2 次元の標本化を行うため、音声情報に比べ飛躍的に情報量が大きい。このため音声に比べて、飛躍的に高能率な符号化法が求められます。

A 感度差を利用した高能率符号化法

●感度差を利用した高能率符号化法では、
・明るさの情報は、短い間隔で標本化
・色の情報は、長い間隔で標本化
を行います。

人の目は次の特徴があります。

(1) 空間上の粗い変化に比べ、細かい変化に鈍感

(2) 明るさの変化に比べ、色の変化に鈍感

図 4.20 はこの関係を示しています。空間周波数が高い模様とは、細かい模様のことです。細かい模様ほど感度が低い、つまり鈍感です。たとえば新聞に印刷してある白黒写真で、灰色になっているところをよくみると、細かな黒い点の集まりであることがわかります。このよ

うな細かな変化には鈍感なため、細かな黒い点の集まりとは気づかず白と黒の中間の灰色に見えているわけです。

　また同じ空間周波数の模様では、明るさに比べ色のほうが同じ空間周波数での感度が低くなっています。明るさより色の変化に鈍感なわけです。これは「同じ細かさの模様の場合、明るさの変化には気づいても色の変化には気づきにくい」、ということです。たとえばある程度大きな黄色と青の点を交互に並べても平均的な緑に見えるということです。

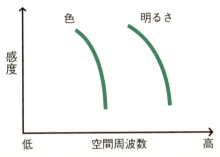

図4.20　目の感度の空間周波数依存性

　カラー画像の信号として4.1.J項で示した輝度信号と2つの色差信号を用い、上記の特徴を生かすことで高能率符号化する方法があります。たとえば、図4.21のとおり輝度信号に対し、色差信号は2倍～4倍の領域の平均値を標本化します。このようにして色差信号の情報量を減らしても、人の目は色の変化に鈍感なためきれいに見えるわけです。

　このような**感度差を利用した高能率符号化法**は、風景など徐々に色が変化する画像に対して有効な方法です。

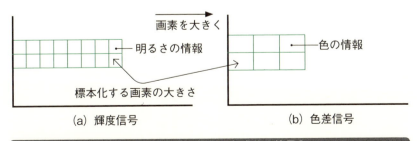

図4.21　カラー画像の各成分の符号化

B 予測符号化

> ● 画像情報の予測符号化には、上、左および左上にある画素の情報をもとに予測する方法があります。

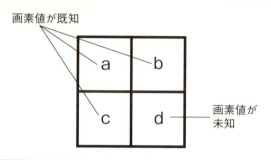

図 4.22 画素値の予測

予測符号化方法を 3.1 節で学びました。同様の方法を画像の符号化でも使用できます。

たとえば図 4.22 のように既知の画素値 a、b、c を持つ画素 3 個、未知の画素値の画素 1 個の場合を考えます。この場合、未知の画素値 d を、

$$d = p_1 a + p_2 b + p_3 c$$

と予測することで高能率符号化を行う方法です。ここで、(p_1, p_2, p_3) = $(1, 0, 0)$、$(0, 1, 0)$、$(0, 0, 1)$ とすると、それぞれ左上、真上、左の画素値と等しいと予測することになります。また、(p_1, p_2, p_3) = $(0, 0.5, 0.5)$ とすると真上と左の画素値の平均と予測することになります。

このような 2 次元画像情報の高能率符号化法では、使用する画像の性質により適切な予測方法を選択できます。

この方法は、色や明るさが徐々に変化して予測に近い変化となる画像に対して有効な高能率符号化法です。

C エントロピー符号化

Fax による文字送信をはじめ、大半が白や黒の画像をよく見かけます。このような画像には**エントロピー符号化**の使用が効果的です。Fax などページの半分以上が白の場合、「このページには以降に情報がない」

4.3 静止画像を高能率符号化しよう（2）〜 JPEG 〜

という意味の符号を示すことで符号長を短縮する方法もあります。

4.3 静止画像を高能率符号化しよう（2）〜 JPEG 〜

A JPEG の特徴

● **JPEG（Joint Photographic Expert Group）：静止画像のディジタルデータの高能率符号化方法の一つです。**

JPEG はもともと国際標準化機構（ISO[10]）と国際電気標準会議（IEC[11]）の下部組織として設置され、静止画像情報の高能率符号化を扱った組織の名称です。この名称が、作成した方法の名称にもなりました。

JPEG は、次のとおり写真などの画像圧縮に適しており、用途に応じて適切な方法を選択できるなどの特徴があります。

①24 ビット階調に対応

24 ビット階調ですから、$2^{24} \fallingdotseq 1670$ 万色を表現できます。

②高圧縮が可能

高圧縮できることで、きれいな画像でも保存容量を大幅に削減できます。ただし、一般に用いられている JPEG は非可逆圧縮[12]です[13]。

③画像の圧縮率を選択可

高圧縮が可能といっても、次のとおり圧縮率を高くすると画質が悪くなります。非可逆圧縮ですので、次のとおり圧縮率と画質のどちらをどの程度重視するかで圧縮率を選択します。

・画像の圧縮率が高い　→　情報量は小さいが画質が悪い

・画像の圧縮率が低い　→　情報量は大きいが画質が良い

④連続して色の変化する画像の圧縮に適する

①、④の特徴から、写真などの保存に適しています。

⑤シーケンシャル符号化とプログレッシブ符号化を選択可

4.1.F、4.1.G で説明した 2 つの表示方法を選択できます。

10
International Organization for Standarization の略。

11
International Electrotechnical Commission の略。

12
非可逆圧縮は一度高能率符号化（圧縮）すると、元の情報に戻すことができない方法。元に戻せる圧縮法は可逆圧縮といいます。可逆圧縮のほうが一般に圧縮率が低くなります。

13
JPEG の発展形である JPEG 2000 は可逆圧縮も可能です。ただし JPEG との互換性はありません。

B 符号化の手順

前項の⑤で記したとおり、JPEG ではシーケンシャル符号化とプログレッシブ符号化を選択できます。ここではシーケンシャル符号化用の**ベースラインプロセス**と呼ばれる手順を説明します。

【ベースラインプロセスの符号化手順】
手順1. 8×8画素ブロックへの分割

入力画像を、図 4.23 に示す縦×横＝8×8の画素ブロックに分割します。図 4.23 の①、②、…、はそれぞれ8×8の画素ブロックを示しています。

8×8の画素ブロックに分割する理由
- ・画像は多数の画素からできている。
- ・画像により縦方向、横方向の画素数が異なる。
- ・異なる画素数に応じて JPEG 符号化を行う装置は、コストがかかる。

⬇

8×8の画素ブロックに分割し、画素ブロックごとに JPEG 符号化を行う装置が経済的。

手順2. 2次元離散コサイン変換

画像情報を示す方法として、各画素の明るさを示す方法以外に、定められたパターンそれぞれにつき、どの程度明るさが変化するものを重ね合わせればよいかを示す方法があります。

まず2×2の画素の例で説明します。図 4.24 (a) の (a-1) の図形は、上半分が白のパターンの (a-2) と、右下のみ白の (a-3) のパターンの重ね合わせとして示すことができます。

また図 4.24 (b) の (b-1) の図形は、上半分が少し明るい (b-2) と右半分が少し明るい (b-3) のパターンの重ね合わせとして示すことができます。(b-1) の右上部分は (b-2) の右上と (b-3) の右上の明るさを加え合わせることでより明るい白になります。

4.3 静止画像を高能率符号化しよう（2）〜JPEG〜

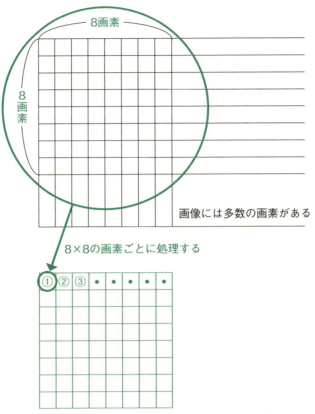

図 4.23　入力画像の 8×8 の画素ブロックへの分割

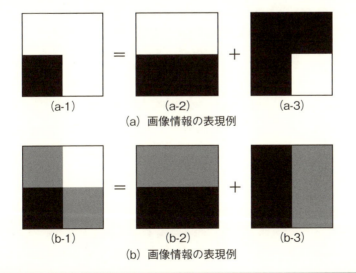

図 4.24　重ね合わせを用いた画像情報の表現例

14
この64種類の画像は基底関数あるいは基底画像と呼ばれます。

15
離散コサイン変換：任意の波形のコサイン波の重ね合わせによる表現への変換およびその方法。DCT（Disctere Cosine Transform）と略されます。詳しくは参考図書 [7] を参照してください。

　原理は同じですが、**JPEG** では $8 \times 8 = 64$ 画素の情報が必要です。このため、図 4.25 に示す 64 種類の画像パターンの組み合わせを用います[14]。表現したい画像の情報として、64 種類の画像パターンそれぞれにつきどの程度の濃淡のものの組み合わせで表せるかを示す数値列（行列）を用います。この数値列は「2 次元離散コサイン変換」[15]（**2次元 DCT**）という操作で得られ、**DCT 係数** と呼ばれます。

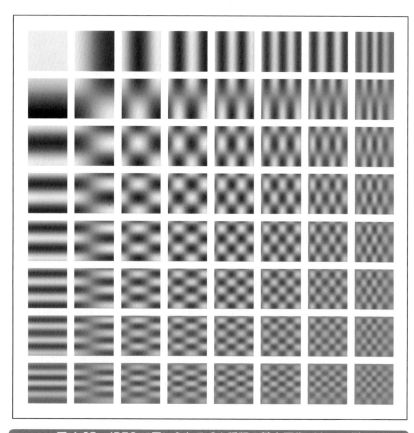

図 4.25　JPEG で用いられる 64 種類の基本画像パターン例

　任意の波形は、いろいろな周期の三角関数の足し合わせで表現できることを 2.1.C 項で説明しました。同様に白黒画像はいろいろな周期の濃淡模様（図 4.25 の縞模様や市松模様）の重ね合わせで表現できます。カラー画像は、たとえば赤、緑、青 3 色それぞれの光についての図 4.25 の濃淡模様を重ね合わせることで表現できます。

　図 4.25 の一番上の行にある 8 個は横方向のみ濃淡の変化のある画像です。一番左は濃淡変化なし→2 番目は 1 回変化→3 番目は 2 回変

化、…、一番右は7回変化する画像です。

また一番左側の縦1列8個の画像は縦方向のみ濃淡の変化のある画像です。一番上は濃淡の変化なし→2番目は1回変化→3番目は2回変化、…、一番下は7回変化する画像です。

一般に、上からn行目、左からm列名の模様は、横方向に$(n-1)$回、縦方向に$(m-1)$回変化する模様です。

手順1で分割した任意の8×8画素ブロックの画像を、図4.25で示した8×8＝64種類の画像の重ね合わせで表現するときに必要なDCT係数を図4.26の右側のように8×8の行列で示します。図4.25の各基本図形と同じ位置にそれぞれの基本図形に対応した**DCT係数**を表すわけです。一番左上の数値を**DC係数**といいます。これは画像全体の平均的な明るさを表します。DC係数以外の63種類の画像分のDCT係数を**AC係数**といいます。AC係数のうち、左上の係数ほど低い空間周波数の画像に対応した数値です。図4.25に示した基本画像と白黒反転した模様が含まれる場合は負の数値で表します。

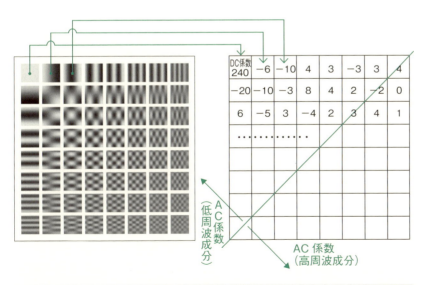

図4.26 離散コサイン変換（DCT）により作成するDCT係数

手順3. DCT係数の量子化

量子化テーブルというものを用いてDCT係数の量子化を行います。

第4章 ◉——— "静止画像" を符号化しよう

これは、高能率符号化のため、人間の目の持つ次の性質を利用しています。

・空間周波数の高周波成分の模様に対する目の感度は、低周波成分の模様に対する感度より低い。言い換えれば縦や横方向の細かい模様に対する感度は、粗い模様に対する感度より低いという性質です。

このため、低周波成分は小さな**量子化ステップ幅**で、高周波成分は大きな量子化ステップ幅で量子化します。この操作により大半の画像の**高周波成分の多くの値は0**となります。量子化後の値を一列に並べると0連続が多いため、このあとの手順5で示すように**エントロピー符号化**[16]を用いることで大幅に情報量を減らせます。

16
3.1.D を参照してください。

量子化テーブルは手順2で説明した8×8のDCT係数それぞれを量子化する際の量子化ステップ幅を記したものです。量子化テーブルも8×8の行列で、同じ行、列のDCT係数の量子化ステップ幅を示しています。具体的な計算方法は4.3.C項で解説します。

量子化テーブルの例を図4.27に示します。ここでは上3行のみ記しています。AC係数に対する量子化ステップ幅は、左上から右や下の数値のほうが大きくなっていることがわかります。これは上述の人間の目が細かい変化に対して鈍感であるという性質を利用して、空間周波数の高い部分ほど大きな量子化ステップ幅で量子化するためです。図4.27では、量子化後のDCT係数を求める計算例を理解しやすいように実際の数値より切りのよい数値を用いています。図4.26の8×8のDCT係数の上側3行分を図4.27の量子化テーブルを用いて量子化したときの、量子化後のDCT係数の例を図4.28に示します。たとえば図4.26で一番左上のDC係数は240、図4.27の一番左上の量子化ステップ幅は30です。これらから計算されるDC係数の量子化後の値240 ÷ 30 = 8を図4.28の一番左上に記しています。図4.28に示すように、この方法で量子化した場合、高周波成分を表す右下の値の多くは0になります。

92

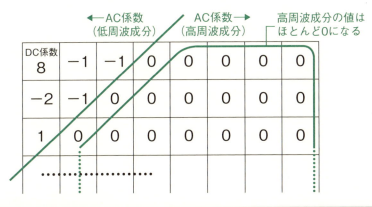

図 4.27　量子化テーブルの例

図 4.28　量子化後の DCT 係数の例

手順 4. DC 係数の差分符号化＋エントロピー符号化

手順 1 で JPEG を行う静止画像を 8×8 の画素ブロック①、②、… に分割しました（図 4.23 の下側）。次に手順 2, 3 で求めた各画素ブロックの DCT 係数のうち DC 係数のみを順に並べ、差分符号化します。そののち、ハフマン符号化などの**エントロピー符号化**を行います。

手順 5. AC 係数のジグザグスキャン＋エントロピー符号化

図 4.29 に示すように、行列の左上から右下の順で量子化後の係数を並べることをジグザグスキャンといいます。ここでは AC 係数のジグザグスキャンを行います。一番左上は DC 成分を表すので除外すると、図 4.28 の場合、

$$-1 \rightarrow -2 \rightarrow 1 \rightarrow -1 \rightarrow -1 \rightarrow 0 \rightarrow 0 \rightarrow 0 \cdots$$

の順に並べます。このように並べることで、後半に0連続が並びやすくなります[17]。

[17]
図4.28および手順3の文中に示すように、量子化後のDCT係数のうち右下の値はほとんど0になります。このため係数を左上から右下の順に並べるジグザグスキャンにより、後半に0連続が並びやすくなります。

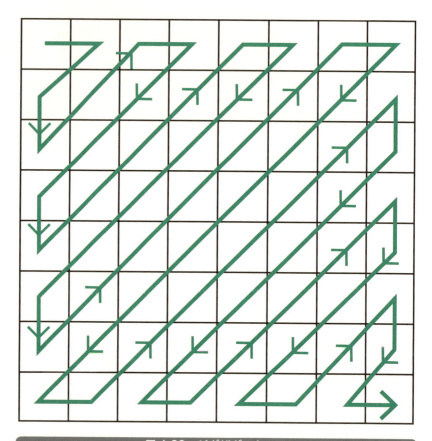

図4.29　ジグザグスキャン

ジグザグスキャンで得られた符号列をエントロピー符号化します。たとえば、図4.28で左上の5個のAC係数以外がすべて0の場合、0でないデータは6個のみ（64個のデータの1/10未満）です。このため長い0連続を、すべてそのまま符号化するのではなく、符号長が短くなるエントロピー符号化を用いることで大幅に符号圧縮できます。たとえば、ハフマン符号や、ブロックの途中以降がすべて0の場合、ブロックの残りはすべて0だという意味の符号[18]、などを用います。

[18]
EOB（End of Block）符号といいます。

C 量子化テーブル

- **量子化テーブル**：DCT 係数のうち、大まかな情報があればよい係数の量子化ステップ幅を大きくすることによる情報量の削減に使われる表のことをいいます。

JPEG では 8×8 の行列を用いますが、ここでは 3×4 の行列にて**量子化テーブル**(表)を用いた計算方法を説明します。図 4.30 は図 4.26 の DCT 係数の左上 3×4 部分の表です。図 4.31 は図 4.27 の量子化テーブルの左上 3×4 部分の表です。図 4.30 の DCT 係数の表を、図 4.31 の同行同列の数値で割ることにより量子化を行います。図 4.32 がその結果です。このように、大まかな情報があればよい箇所を粗く量子化することによる情報量の削減に使われる図 4.31 のようなテーブルが量子化テーブルです。

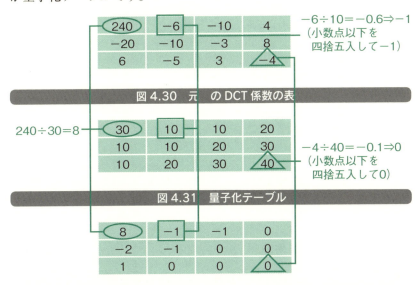

図 4.30 元の DCT 係数の表

図 4.31 量子化テーブル

図 4.32 量子化後の係数

D プログレッシブ符号化への適用

4.1.G で、短時間のうちに画像全体の概要を表示したのち、画面詳細を表示する方法があることを紹介しました。このようなプログレッシブ符号化にはいろいろな方法があります。本節では、DCT 係数を用いた方法を 2 種類解説します。

ⓐ 空間周波数別に符号化する方法

8×8 の各ブロックにある DCT 係数の 64 種類の情報のうち、最初に目の感度が高い行列の左上の DC 係数および低周波数の AC 係数のみ符号化します。画像再現時はその符号を用いて表示します。次にもう少し高周波数領域の係数を符号化し、再現時は今回送付された符号を用いた画像を先ほど表示した画像に重ねます。この操作を繰り返すことで、徐々に鮮明な画像を表示する方法です。

たとえば、図 4.33 のような 4 区画に分け、最初は（1）の区画、次に（2）の区画、…の順に、符号化・送信⇒復号化・表示します。

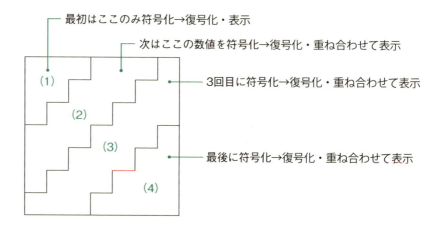

図 4.33　DCT 係数を用いたプログレッシブ符号化の手順例（1）

ⓑ 逐次精度を上げる方法

64 種類の模様の情報それぞれにつき、たとえば最初は 2 進法での最上位の桁（4 桁の数値だとすると 4 桁目）の数値のみ符号化し、再現時はその情報を用いて復号、画像を表示します。次に、次の上位の桁（この場合は 3 桁目）の数値を符号化し、再現時は最上位と次の上位の桁の復号情報を用いて表示します。これを繰り返すことで、徐々に鮮明な画像を表示する方法です。図 4.34 に例を示します。

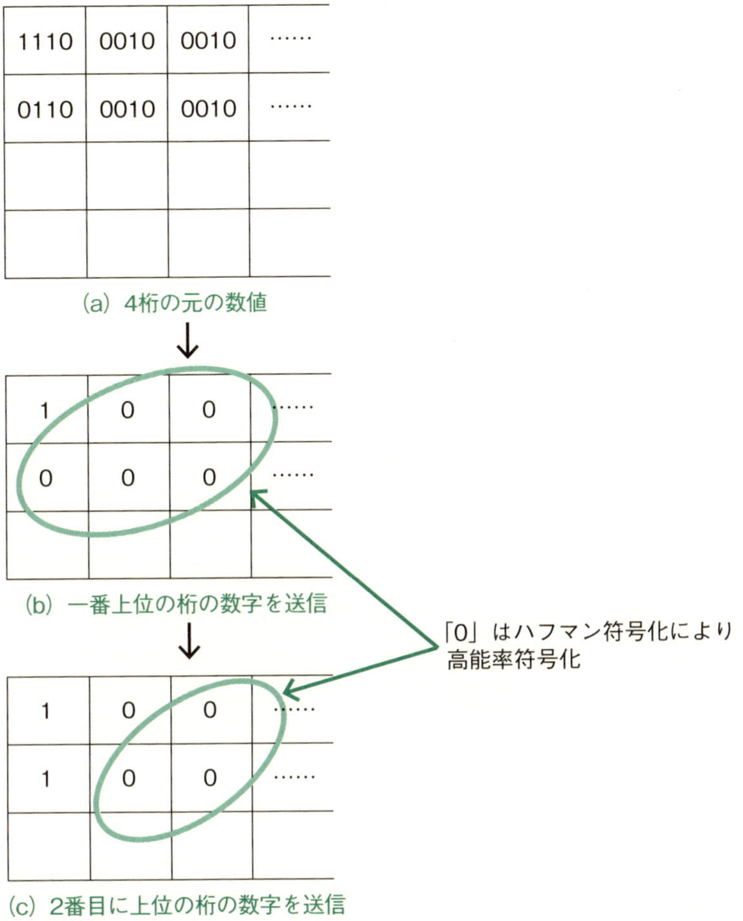

4.3 静止画像を高能率符号化しよう（2）〜JPEG〜

1110	0010	0010	……
0110	0010	0010	……

(a) 4桁の元の数値

↓

1	0	0	……
0	0	0	……

(b) 一番上位の桁の数字を送信

↓

1	0	0	……
1	0	0	……

(c) 2番目に上位の桁の数字を送信

「0」はハフマン符号化により
高能率符号化

図 4.34　DCT 係数を用いたプログレッシブ符号化の手順例（2）

この章のまとめ

1 静止画像は、動きのない画像のことです。

2 次の各画像情報の符号化のしくみを理解しましょう。

1次元白黒画像	⇒ 例 バーコード
2次元白黒画像	⇒ 例 QRコード、電光掲示板
2次元グレースケール画像	⇒ 例 白黒写真
2次元カラー画像	⇒ 例 カラー写真

3 空間周波数：一定距離ごとに繰り返される現象の、単位距離当たりに繰り返される数です。

4 空間周波数の単位：代表例として、1m当たりに繰り返す数を表す［1/m］があります。

5 最高空間周波数の2倍より高い空間周波数に対応する間隔で標本化すれば、短冊の画像情報を欠落なく符号化できます。

6 2次元標本化：縦および横それぞれ一定間隔ごとに標本化すること。

7 標本点：標本化する点。サンプリング点ともいいます。

8 サンプリング格子：標本点の配列を示す格子です。

9 シーケンシャル符号化では、鮮明な画像を上から順に符号化、表示します。

10 プログレッシブ符号化は、最初全体像がある程度わかる画像を表示し、その後徐々に画質を良くしていく方法です。

11 階調数：モニタなどで表すことのできる各画素の明るさの数や各色光の強さの数。

12 Nビット階調：1画素の各色光の強さの表現に必要な情報量をビット単位で表現したもの。

13 ドット：モニタやプリンタが表示・印刷する画像の点のこと。

14 解像度：単位長さ当たりに存在するドットの数です。

この章のまとめ

15 画素数＝（横方向の解像度）×（画面の横の長さ）
×（縦方向の解像度）×（画面の縦の長さ）

16 カラー画像は、各画素に含まれる赤、青、緑など複数色の光の強さやインクの濃さの情報で表せます。

17 ディジタル静止画像の情報量
＝画素数×1画素当たりのビット数
＝横の画素数×縦の画素数×1画素当たりのビット数
＝（横方向の解像度）×（横の長さ）
×（縦方向の解像度）×（縦の長さ）
×（1画素当たりのビット数）

19 感度差を利用した高能率符号化法では明るさの情報に比べ、色の情報を長い間隔で標本化します。

20 画像情報の予測符号化には、近く（左上、上、左）にある画素の情報をもとに予測する方法があります。

21 JPEG（Joint Photographic Expert Group）：静止画像のディジタルデータの高能率符号化方法の一つです。

22 JPEGの符号化手順
1. 8×8画素ブロックへの分割
2. 2次元離散コサイン変換
3. DCT係数の量子化
4. DC係数の差分符号化＋エントロピー符号化
5. AC係数のジグザグスキャン＋エントロピー符号化

23 量子化テーブル：DCT符号のうち、大まかな情報があればよい箇所を粗く量子化することによる情報量の削減に使われる表のこと。

練 習 問 題

問題1 カッコ内に入る適切な語を示しなさい。

音声情報の標本化は、一定時間ごとに行う。これに対し、
静止画像の標本化は、一定（ a ）ごとに行う。
音声では "時刻" という一次元の値に対する標本化を行う。
これに対し、静止画像では通常（ b ）次元の値に対する標本化
を行う。

問題2 最高空間周波数100［1/m］の画像がある。この画像は何mm間隔で
標本化すればよいか。

問題3 縦2m、横3mで、最高空間周波数が縦、横とも500［1/m］の画像
がある。この画像の情報を欠落なく符号化するには、おおよそ何画素
以上とする必要があるか。

問題4 (1) シーケンシャル符号化方式以外の画像の符号化方法の名称を示し
なさい。

(2) シーケンシャル符号化方式ともう一つの方法、それぞれの概要を
簡潔に説明しなさい。

(3) (2) で記したそれぞれの方法の長所を簡潔に説明しなさい。

問題5 (1) 階調数128は何ビット階調か。

(2) 階調数1024は何ビット階調か。

(3) 8ビット階調の階調数はいくつか。

問題6 解像度とは何か。簡潔に説明しなさい。

問題7 縦2インチ、横3インチ、解像度200dpiの画像の画素数を求めなさい。

問題8 画素数200万の画像の各画素が24ビット階調の場合、1画面を保存
するのに必要な容量は何ビットか。

練 習 問 題

問題9 JPEG以外の静止画像情報の高能率符号化方法2つについて、簡潔に説明しなさい。

問題10 問題9で記した2つの方法それぞれについて、情報量の大幅削減を期待できるケースを挙げなさい。

問題11 離散コサイン変換後の画像情報が、図演4.1の3×3の行列とする[1]。

(1) 図演4.1のDCT係数を図演4.2の量子化テーブルを用いて量子化したとき、量子化後の係数の行列（3×3の行列）を示しなさい。

(2) 量子化後の行列の値をJPEGの手順5で記した順番に1列に並べたときの、1番目から5番目までの数値列を表しなさい。

$$
\begin{bmatrix} 200 & -10 & 16 \\ -20 & -12 & -3 \\ 6 & -5 & 3 \end{bmatrix}
\qquad
\begin{bmatrix} 25 & 10 & 15 \\ 10 & 10 & 20 \\ 15 & 20 & 30 \end{bmatrix}
$$

図演4.1 DCT係数　　　図演4.2 量子化テーブル

[1] ここでは8×8の代わりに3×3のDCT係数を考えます。

第5章

"動画像"を符号化しよう

教師：昨日の世界旅行の番組を見ましたか。
学生：まだ見ていませんが、ビデオ録画してあります。
教師：たくさん録画を保存しているのですか。
学生：そうですね。そろそろ整理しないと、録画できなくなりそうです。
教師：動画像は、たくさんの静止画像の集まりですから、情報量もケタ違いに多くなりますね。
学生：静止画像の集まりであるパラパラ漫画は動いているように見えますからね。でも、静止画像が集まれば動画像に見えるというのは面白いですね。
教師：そうですね。さらに動画像情報の高能率符号化では、一部の画像から違う時刻の画像の予測もしています。
学生：なんだか静止画像が一人で動き出しそうですね。
教師：そうですね。ビデオやパソコンに保存されている "1" や "0" の符号から、どういうしくみで動画像が映し出され、またどういうしくみで画像を予測しているのかを調べれば、もっと面白いことが発見できるかもしれませんね。

この章で学ぶこと

1 動画像に見えるしくみを理解する。
2 動画像の符号化方法のしくみを理解する。
3 代表的な動画像高能率符号化方法の一つである MPEG の基本的なしくみを理解する。

第 5 章　"動画像"を符号化しよう

5.1　動画像を符号化しよう

A　動画像の標本化

- 動画像とは動く画像のことです。
- 動画像情報は、動画像のうち少しずつ異なる時刻の「（静止）画像情報」の集まりです。
- フレームとは、動画像情報の中の 1 画面（1 つの静止画像情報）のことです。コマ送りの "コマ" のことです。

私たちがテレビなどで見ている**動画像**は、図 5.1 のように、

① 送信側で、送信したい動画像を短時間に何枚も連写

② 連写した各画像情報を送信

③ 受信側で連写した各画像を紙芝居のように次々と映写

したものです。

図 5.1　サッカー選手がボールを蹴るときの動画のフレーム例

このため、動画像を標本化するには、

① 標本化する時間間隔（各画像を連写する時間間隔）

② ①で決定した時刻における画像を標本化する縦、横方向の間隔

の両方を決める必要があります。

②の縦、横方向の標本化間隔の選び方は、4.1 節で説明しました。①の時間間隔を考える上で、1 秒当たりに標本化する**フレーム**の数を表す単位である**フレーム／秒**[1] を使います。たとえば、1 秒間に 30 枚の画像情報を標本化した動画像の場合、

30 フレーム／秒（あるいは 30fps）

[1] **fps**(Frame Per Second) とも書きます。

5.1 動画像を符号化しよう

で標本化された画像といいます。

①の時間間隔の選び方を次項で説明します。

B **仮動運動・残像効果**

> ● 仮動運動とは、2つの少し異なる画像を高速で交互に見ると画像が動いているように見える現象です。
>
> ● 残像効果とは、見た画像がなくなっても短時間は画像が残っているように見える現象です。

前項のように、私たちはテレビなどで次々と映し出される静止画像を見ています。それがなぜ動画に見えるのでしょうか。

人の認識は**仮動運動**や**残像効果**に影響を受けるといわれています。このため複数の静止画像をコマ送りで見せた場合、人間の頭の中ではコマ送りのとおりに認識するわけではなく、動いていると認識すると考えられています。これにより、パラパラ漫画が"動いて見える"のです。

コマ送り画像が自然な動画像に見えるのは、**30fps 程度**以上の場合です。このため、通常のテレビや映画で用いられている規格では30fps 程度としています。

C **インタレーススキャン**

> ● 走査（スキャン）：カメラなどで画像情報を電気信号に変換すること、またその電気信号から画像を再生すること。
>
> ● 走査方法：画像を多くの部分（画素）に分割し、それぞれの画素の明暗や色の情報を一定順序で電気信号に変換します。
>
> ● インタレーススキャン：1 行目、3 行目、と奇数行目の画素の走査を行ったのち、偶数行目の画素の走査を行う方法。

インタレーススキャンのしくみをもう少し詳しく見てみましょう。送信する 1 枚の画像の情報は、図5.2 のように 2 次元に並んだ画素の

第 5 章 ●———— "動画像" を符号化しよう

画素1	画素2	画素3	……	……	……	……						←1行目
												←2行目
												←3行目
												←4行目

図 5.2　走査（スキャン）を行う画像

情報の組み合わせであることを第 4 章で示しました。このとき 1 枚の画像の符号化の順番を次のようにします。

① まず図 5.3 のように奇数行目の画像情報を 1 行目、3 行目、…の順に符号化します。

② そののち偶数行目の画像情報を 2 行目、4 行目、…の順に符号化します。

テレビ放送の場合、符号化順に送信します。受信するテレビではまず、①の画像情報をもとに画像再生します。このとき②の偶数行目の情報がなくてもおおむねきれいな画像に見えます[2]。次に偶数行目の情報をもとに画像を再生します。あとは、奇数行目の画像再生、偶数行目の画像再生、の繰り返しです。

もし画像 1 フレーム全体の符号化や再生に 1/30 秒かかるとすれば、上記の方法だと、奇数行目の画像あるいは偶数行目の画像の符号化や再生は 1 画像全体を行う場合の半分の 1/60 秒ごとに行えます。

このように**インタレーススキャン**は、上から下までを 1/60 秒ごとにスキャンするため動画の速い動きがなめらかに見えるという長所があり、テレビ放送で使用されています。

一方、**インタレーススキャン**で符号化・送信された信号を、その順番で再生すると、奇数行である 1 行目、3 行目を映してから、その間の 2 行目を映すまでに約 1/60 秒かかります。このため、この次の項で説明する**プログレッシブスキャン**に比べて、文書などの静止画像を映すと、一部を見た時にちらつきやにじみが気になる場合があります。

2
CRT（ブラウン管）モニタの場合、再生時に偶数行目の表示なしでも 1 枚の画像に見えます。液晶モニタの場合、再生時に奇数行目の画像情報から偶数行目の画像情報を生成して表示します。

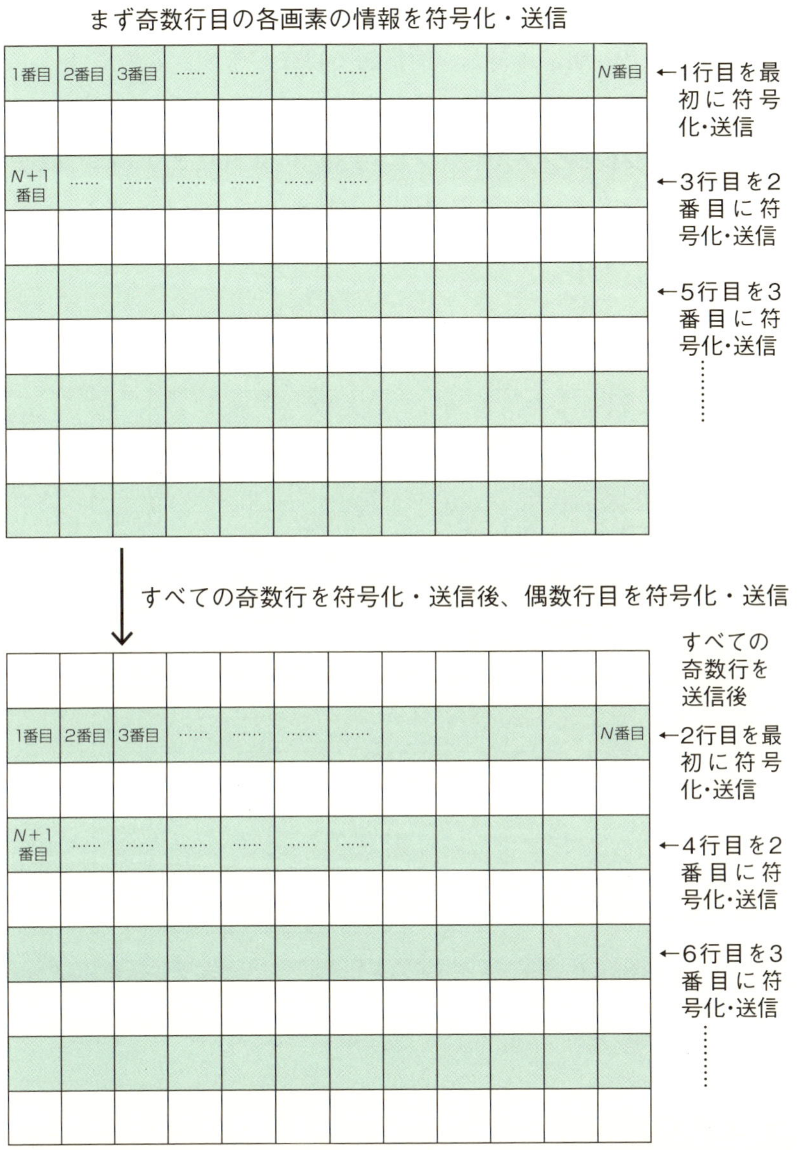

5.1 動画像を符号化しよう

まず奇数行目の各画素の情報を符号化・送信

| 1番目 | 2番目 | 3番目 | …… | | …… | …… | | | N番目 | ←1行目を最初に符号化・送信 |

←3行目を2番目に符号化・送信

←5行目を3番目に符号化・送信
　　　⋮

すべての奇数行を符号化・送信後、偶数行目を符号化・送信

すべての奇数行を送信後

←2行目を最初に符号化・送信

←4行目を2番目に符号化・送信

←6行目を3番目に符号化・送信
　　　⋮

図5.3　インタレーススキャンの走査方法

D　プログレッシブスキャン

● プログレッシブスキャン：1行目から最終行目まで上の行の画素から順に走査を行う方法。

静止画像や文字を表示することの多いコンピュータのディスプレイ

では、図5.4に示すように「1行目の各画素の情報→2行目の各画素の情報、…」と、順に送信し、受信側で再生します。このように、1行目から最終行目まで各行の画像情報を上から順番に符号化・送信する方法を**プログレッシブスキャン**といいます。これにより、インタレーススキャンの欠点である、静止画像で気になりやすいちらつきやにじみを低減しています。

1行目から順に符号化・送信、再生

1番目	2番目	3番目	……	……	……	……					N番目	←1行目
N+1番目	……	……	……	……	……	……						←2行目
												←3行目
												←4行目

図5.4　プログレッシブスキャンの走査方法

Ｅ　動画像の情報量

●ディジタル動画像の情報量（1秒当たり）
　＝1画面の情報量×1秒当たりのフレーム数
　＝1画素当たりの情報量×1画面の画素数
　　×1秒当たりのフレーム数

1秒当たりの**動画像の情報量**は、上の式で計算できます。具体例を次に示します。

1秒間に標本化する画素数

720 × 480 画素の画像を、30 フレーム / 秒で符号化した場合、動画像1秒当たりに標本化すべき画素数は、

$$(720 \times 480)\ 画素 / フレーム \times 30\ フレーム / 秒$$
$$= 10368000\ 画素 / 秒$$
$$\cong 1000\ 万画素 / 秒$$

となります[3]。

1秒間に生成される情報量

上述の画素数の計算で、各画素の量子化ビット数を8ビットとすると、1秒間に生成される情報量は、

$$10368000\ 画素 / 秒 \times 8bit / 画素 = 82944000bit / 秒$$
$$\cong 83Mbit / 秒$$

となります。実際の動画像は、音声情報も付加しているため、もう少し大きくなります。

5.2 動画像を高能率符号化しよう

Ⓐ 動画像の高能率符号化例〜 MPEG 〜

- **MPEG（Moving Picture Experet Group）：動画像のディジタルデータの高能率符号化方法の一つ。**

MPEG も **JPEG** と同様に国際標準化機構（ISO[4]）と国際電気標準会議（IEC[5]）の下部組織として設置され、動画像情報の**高能率符号化**を扱った組織の名称です。この名称が作成した方法の名称にもなりました。

MPEG で用いられる主な高能率符号化方法：
- 4.3 節で説明した 2 次元 DCT を用いた静止画像（各フレーム）の高能率符号化。
- 5.2.C 項で詳しく説明する動き補償フレーム間予測。

3
「≅」はほぼ等しい値であることを示す記号です。

4
International Organization for Standarization の略。

5
International Electrotechnical Commission の略。

MPEG では、画像の中の動く部分、言い換えれば変化する画素を検出し、その部分のみ新たに符号化するなどの方法により、符号化後の情報量の削減を図っています。詳しくは次節以降で説明します。

用途別に MPEG-1、2、4 などの各規格が定められています。それぞれの用途例、パラメータ例を表 5.1 に示します。

表 5.1　MPEG の各規格の用途、パラメータ例

	用途例	伝送速度	画像サイズ例
MPEG-1	VTR 並み動画像の CD-ROM などでの保存用	1.5Mbit/ 秒 程度以下	360 × 240 画素
MPEG-2	再生品質が現行のテレビや DVD 程度の動画用	実質数 Mbit/ 秒〜 数十 Mbit/ 秒	720 × 480 画素
MPEG-4	当初は携帯電話用、その後スマートフォンやインターネットなどでも活用	10kbit/ 秒〜 数 Mbit/ 秒	176 × 144 画素

B　フレーム間差分

- **フレーム間差分：2 つのフレーム間の画素情報の差分。**
- **時間変化の少ない動画の場合、フレーム間差分の情報を符号化・送信することで、情報量を削減できます。**

テレビの場合、1 秒間に約 30 枚のフレームが生成されます。このため、動きの遅い動画では、近い時刻のフレームの画素のうち大半の画素の情報はほとんど変化しない場合が多くあります。この場合、ある時刻のフレームの画素情報をもとに、最も単純に "近くのフレームも同じ画像" と予測する方法があります。このような予測のもととするフレームを**参照フレーム**と呼びます。この方法では、これから符号化したいフレーム（以下、"**符号化対象フレーム**" とします）の画素情報ではなく、**フレーム間差分**と呼ばれる**参照フレーム**とこれから符号化したいフレームの情報の差分のみ符号化したものを用います。

図 5.5 は、**参照フレーム**を 1 フレーム目、符号化対象フレームを 2 フレーム目とした場合の例です。ここでは単純に、人は動かずボール

の位置のみ時間的に変化する場合を考えます。この場合、

・第1フレームのボールの情報の削除
・第2フレームのボールの情報の追加

の情報のみ符号化・送信すればよいわけです。

(a)実際の画像の1フレーム目

(b)実際の画像の2フレーム目

実際の画像

(c)実際の画像の1フレーム目と
2フレーム目の比較

1フレーム目と2フレーム目の比較

(d)送信画像の1フレーム目
（原画像情報を符号化）

(e)送信画像の2フレーム目
（差分情報を符号化）

送信画像

図5.5　フレーム間差分の符号化

C　動き補償フレーム間予測

- ●動き補償フレーム間予測は、参照フレームと符号化対象フレーム間の、
  - ・動きのある部分
  - ・動いた量

  の情報を用いた画像予測方法です。
- ●動き補償フレーム間予測には、
  - ① 片方向予測
  - ② 双方向予測

  の2種類があります。
- ●片方向予測：過去（前の時刻）のフレームあるいは未来（後の時刻）のフレームを参照フレーム（予測のもととするフレーム）とする方法です。
- ●双方向予測：過去および未来のフレームを参照フレームとする方法です。

5.2.B の方法では、背景画像の情報を削減できますが、動きのある部分については、削除および追加の両方の情報が必要になります。このため動きの速い画像では、この方法により符号化すべき情報量が増える場合もあります。より高能率に情報量を削減する方法として以下に示す2種類の**動き補償フレーム間予測**[6]があります。

ⓐ 片方向予測

片方向予測の手順は以下のとおりです。

【予測手順】

1. 参照フレーム、符号化対象フレームの**フレーム間差分**から、主な動きのある部分を抽出します。
2. 1で抽出した部分の、両フレーム間での**変化量**を求めます。
3. 参照フレームおよび2の情報から、符号化対象フレーム予測画像（**動き補償画像**）を求めます。
4. 符号化対象フレームと動き補償画像の差分（**予測誤差**）を求めます。
5. 2、4の情報を送信します。

6
動き補償：まず符号化対象フレームと参照フレームとの間で、大きく変化している部分の動きの情報を求めます。たとえば、「ボールが右へ10画素分動いた」という情報です。参照フレームとこの変化した部分と変化量の情報を受信側へ送信し、受信側で符号化対象フレームとほぼ同じ画像を作成することを、動き補償といいます。

受信側では、参照フレームと2、4の情報から、符号化対象フレームを再生します。

図5.5の1フレーム目が参照フレーム、2フレーム目が符号化対象フレームの場合、次のとおり**予測誤差**はありませんので、前項の方法と比べて大幅に情報量を削減できます。

1. 動きのある部分 ⇒ **ボール**
2. 動いた量 ⇒ **右に○○画素分、上側に△△画素分移動**との情報
3. 動き補償画像 ⇒ 図5.5（b）と同じ画像
4. 予測誤差 ⇒ **なし**

片方向予測のうち、参照フレームより符号化対象フレームが後の時刻の場合、**順方向予測**とも呼ばれます。これに対し、あとの時刻のフレーム情報を参照フレームとする場合、**逆方向予測**とも呼ばれます。

ⓑ 双方向予測

双方向予測は、符号化対象フレームより**前の時刻**および**後の時刻のフレーム情報**からその間にあるフレームの情報を予測する方法です。双方向予測では、順方向予測、逆方向予測、両方のフレーム情報を用いた予測のうち、最も誤差の小さいものを用いるなどの手法により、さらに予測精度を高める方法です。符号量を片方向予測より削減できますが、高能率符号化のための情報処理量が多くなります。

Ⓓ 動き補償フレーム間予測データの送信順

- MPEGでは片方向予測および双方向予測を行うため、次の3種類の画像情報を用いています。
  - ・Iピクチャ　：元の信号をそのまま高能率符号化したデータ
  - ・Pピクチャ：順方向予測との差分を高能率符号化したデータ
  - ・Bピクチャ：双方向予測との差分を高能率符号化したデータ
- 画像データの構成例：IBBPBBPBB の繰り返し。

Iピクチャは、元の信号をそのまま高能率符号化しています。この

ため画像フレームのIピクチャは、差分情報のみ符号化しているPピクチャ、Bピクチャより情報量が多いといえます。

動画像データのフレーム情報の構成例を、図5.6に示します。

たとえば、

- 最初のフレーム情報は、元の画像を高能率符号化したデータ（**I ピクチャ**）を符号化／送信
- 2番目と3番目のフレーム情報は、1番目と4番目の（過去、未来の両方の）フレーム情報から双方向予測される画像との差分（**B ピクチャ**）を符号化／送信
- 4番目のフレームは、1番目のフレームとの差分（**P ピクチャ**）を符号化／送信

この方法では、符号化／送信時には4番目のフレーム情報を得たのちに2番目と3番目の画像情報の符号化（Bピクチャ情報の生成）を行えます。また受信／画像復元時には4番目のPピクチャまで受信ののち、4番目のフレーム情報を再現、そののち2、3番目のフレームを再現できます。以下、図5.6のとおりB、B、Pのフレームを何回か繰り返したのち、定期的にIフレームを入れます。Iフレームを時々入れるのは、どこかで画像情報に誤りや欠落が生じてもリセットできるようにするためです。

このような構成の動画像データをひとかたまり（1グループ）とした符号化を行うことにより、動画像を高能率符号化します。

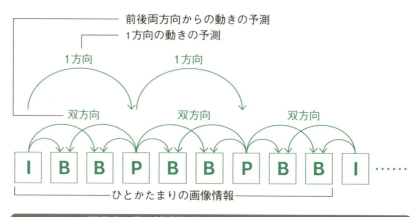

図5.6　動き補償予測における画像情報の構成例

この章のまとめ

1 動画像とは動く画像のことです。

2 動画像情報は、動画像のうち少しずつ異なる時刻の「静止画像情報」の集まりです。

3 フレームとは、動画像情報の中の1画面（1つの静止画像情報）のことです。コマ送りの"コマ"のことです。

4 仮動運動とは、2つの少し異なる画像を高速で交互に見ると画像が動いているように見える現象です。

5 残像効果とは、見た画像がなくなっても短時間は画像が残っているように見える現象です。

6 走査（スキャン）とは、カメラなどで画像情報を電気信号に変換すること、またその電気信号から画像を再生することです。

7 走査方法：画像を多くの部分（画素）に分割し、それぞれの画素の明暗や色の情報を一定順序で電気信号に変換します。

8 インタレーススキャン：1行目、3行目、と奇数行目の画素の走査を行ったのち、偶数行目の画素の走査を行う方法。

9 プログレッシブスキャン：1行目から最終行目まで各行の画像の走査を行う方法。

10 ディジタル動画像の情報量（1秒当たり）

　　＝1画面の情報量×1秒当たりのフレーム数

　　＝1画素当たりの情報量×1画面の画素数

　　　×1秒当たりのフレーム数

11 MPEGで用いられる主な高能率符号化法として、

　　① 2次元DCTを用いた各フレームの高能率符号化

　　② 動き補償フレーム間予測

があります。　　　　　　　　　　　　　　　　　　　➡続く

115

この章のまとめ

12 フレーム間差分とは2つのフレーム間の画素情報の差分のことです。

13 変化の少ない動画の場合、フレーム間差分の情報を符号化・送信することで、情報量を削減できます。

14 動き補償フレーム間予測には、

    ① 片方向予測

    ② 双方向予測

の2種類があります。

15 片方向予測：過去のフレーム、あるいは未来のフレームの画像情報から予測する方法です。

16 双方向予測：過去および未来の両方のフレームの画像情報から予測する方法です。

17 MPEGでは片方向予測および双方向予測を行うため、次の3種類の画像情報を用いています。

    ・Iピクチャ：元の信号をそのまま高能率符号化したデータ

    ・Pピクチャ：順方向予測との差分を高能率符号化したデータ

    ・Bピクチャ：双方向予測との差分を高能率符号化したデータ

18 MPEGの画像データの構成例として、IBBPBBPBBの繰り返しがあります。

練 習 問 題

問題1　フレームとは何か。簡潔に説明しなさい。

問題2　動画像を符号化する場合、1秒間に約何フレーム以上送信すると自然な画像に見えるか。

問題3　(1) 動画を走査（スキャン）する2つの方法の名称を述べなさい。

　　　　(2) (1) の解答の2つの方法について、両者の違いがわかるように簡潔に説明しなさい。

問題4　1000 × 700画素、各画素の量子化ビット数：8ビットの画像を、30フレーム／秒で符号化する場合、1秒間に符号化すべき画像情報量はいくらか。ただし、高能率符号化を使用しないものとする。

問題5　MPEGで用いられる主な高能率符号化方法を2種類述べなさい。

問題6　(1) 動き補償フレーム間予測で用いられる予測法の名称を2つ述べなさい。

　　　　(2) (1) で述べたそれぞれの予測法を簡潔に説明しなさい。

問題7　MPEGで符号化する3種類の画像情報の名称と、それぞれがどのような情報かを簡潔に説明しなさい。

問題8　問題7の解答の3種類の画像情報のうち、一般に最も情報量が大きいと考えられるのはどれか。

第6章

"文字"を符号化しよう

教師：音と画像の符号化方法を十分理解できましたか。
学生：もうこれで、なんでも符号化できますね。
教師：まだ、文字の符号化があります。
学生：文字は画像として符号化すればよいのではないのでしょうか。
教師：そういう方法もあります。しかし、通常は画像の符号化とは別の方法を用います。
学生：なにかメリットがあるのですか。
教師：画像として符号化するより、大幅に情報量を減らせます。
学生：どの程度、減らせるのですか。
教師：ケタ違いに減らせます。具体的な数値は、この章で学んでください。

この章で学ぶこと

1　整数の符号化方法、実数の符号化方法、英数字の符号化方法、漢字の符号化方法をそれぞれ理解する。
2　文字の符号化に使用する文字コード表の読み方を理解する。

第 6 章 ●——— "文字" を符号化しよう

6.1 いろいろな文字の符号化方法

- 文字の符号化には、整数の符号化、実数の符号化、英数字の符号化、漢字の符号化などがあります。
- 文字と変換後の符号の対応関係を示すため、文字コード表が用いられています。
- 文字コード表は、文字とそれに対応する符号の関係を記しています。符号は 16 進法で記されることが多いといえます。

A 正の整数の符号化

ⓐ 2 進数の符号化

- コンピュータ内で扱う数は 2 進数です。
- 10 進数は、2 進数に変換して演算し、その結果を 10 進数に戻しています。
- 各整数とも、一定のビット数で表現します。

コンピュータは 2 進数で演算します。このため、2 進数の "0"、"1" の列をそのまま符号として使用します。また、どの数値も 16 ビット、32 ビットなど、コンピュータごとに決められた一定のビット数に符号化します。このとき、正の数であることを示すために最上桁を 0 とします。たとえば 10 進数の 127 を 8 ビット符号化する場合、次のようになります。

0 1 1 1 1 1 1 1

↑
符号
（正なら0、負なら1）

図 6.1 正負の符号表現

このような符号化や表現の方法を、**固定小数点**形式と呼びます。

負の数は、最上桁を 1 とします。負の数の符号化方法は 6.1.B 項で説明します。

120

ⓑ 2進数以外の符号化

10進数など2進数以外で表された整数Nは、Nを2進数（"0"と"1"の列）に変換後、副項ⓐと同様に扱います。以下に具体例を述べます。

・10進数から2進数への変換

符号化する数値Nを、

$$N = A_n \times 2^n + A_{n-1} \times 2^{n-1} + A_{n-2} \times 2^{n-2} + \cdots + A_1 \times 2 + A_0$$

（A_n, A_{n-1}, $\cdots$, A_0は、それぞれ1あるいは0）

と表現したときのA_n, A_{n-1}, $\cdots$, A_0を符号列として用います。

・16進数から2進数への変換

コンピュータが使用する2進数は、桁数が多く人間が記憶するのには不便です。このため一般にディスプレイ表示では、2進数を4桁ごとにまとめたものを1文字で示せる16進数を用います。2進数、10進数、16進数の対応関係を表6.1に示します。

表6.1　10進数と16進数/2進数変換表

10進数	16進数	2進数	10進数	16進数	2進数
0	0	0000	8	8	1000
1	1	0001	9	9	1001
2	2	0010	10	A	1010
3	3	0011	11	B	1011
4	4	0100	12	C	1100
5	5	0101	13	D	1101
6	6	0110	14	E	1110
7	7	0111	15	F	1111

Ⓑ　負の整数の符号化

● 負の整数は、絶対値の等しい正数の"2の補数"で表現（符号化）します。

● 2進法で記された正数Nの"2の補数"は、Nの"1"を"0"、"0"を"1"に反転した数に1を加えたものです。

第6章 ●―― "文字"を符号化しよう

1
2進数であることを示す場合、00000000 ₍₂₎ のように下付きの（2）で表現する方法があります。

2
コンピュータは必ず記憶・計算できる桁数が決まっています。

　負の数は最上桁を1とすることを前項で学びました。そのあとの数値の符号化のルールは次のとおりです。たとえば、$00000000_{(2)}$[1]から、$11111111_{(2)}$まで（10進数で表すと0から255）の8桁の2進数のみ記憶できるコンピュータを考えます[2]。このとき、$00000001_{(2)}$に$11111111_{(2)}$を足すと、$100000000_{(2)}$（10進数で256）になります。しかし、今考えているコンピュータは8桁の数値しか覚えられないので、最上位の1を除く00000000のみを記憶します。つまり、このコンピュータでは00000001＋11111111＝00000000となります。ところで、1を足して0になるのは−1です。このため、このようなコンピュータでは−1を11111111（10進数で255に相当）と符号化します。この11111111が1の**"2の補数"**になっています。1の"2の補数"だけでなくほかの正数も、上記枠内に示した"2の補数"と加算すると、コンピュータの記憶できる桁数を超えて繰り上がるため、コンピュータの加算結果は0000000となります。

　図6.1に示したとおり、正の整数は最上桁を0としますので、その"2の補数"である負の整数は必ず最上桁が1となり、図6.1のルールどおりとなっています。

【例6-1】　8ビットで整数値を表現する場合

　8ビットで整数値を表現するコンピュータの場合、10進数を符号化すると表6.2のようになります。

表6.2　コンピュータ内での整数の表現例			
10進数	コンピュータ内 （8ビットで表現の場合）	10進数	コンピュータ内 （8ビットで表現の場合）
0	00000000	-128	10000000
1	00000001	-127	10000001
2	00000010	-126	10000010
3	00000011	⋮	⋮
⋮	⋮	-3	11111101
126	01111110	-2	11111110
127	01111111	-1	11111111

6.1 いろいろな文字の符号化方法

C その他の数の符号化

A項やB項の方法では、πなどの小数点以下の数値のある数を符号化できません。また、たとえば整数を16ビットで記憶するコンピュータの場合、2^{16}個より多くの整数を符号化できません。このような前項までの方法で符号化できない数は、**浮動小数点**形式と呼ばれる方法を用いて符号化します。

まず10進法の**浮動小数点**形式を説明します。たとえば、円周率の近似値である3.14を例に挙げます。円周率の10倍は31.4…ですが、3.14×10とも表せます。同様に円周率の1/100は、$3.14×10^{-2}$と表せます。このように実数を表す際に、1以上10未満の実数×10の累乗という形で表すのが10進法における浮動小数点形式です。一般にN進法では、1以上N未満の実数×Nの累乗という形で表します。コンピュータの処理では、$N=2$、8、16などが用いられます。負の数も表す場合は、正負の符号を意味する符号も記します。この表現方法でも表現できる数は限られます。円周率のような数値は、表現できる最も近い近似値で表します。

D 英数字の符号化

- 各文字や記号に割り当てた符号（コード）を文字コード、割り当ての対応関係を文字コード体系、対応関係を記した表を文字コード表といいます。
- 英数字は、通常1文字を8ビットの符号で表します。

C項までは演算を行うための数値の符号化方法です。本項では"文字"としての数字および英字の符号化方法を記します。

ⓐ アスキーコード

英文用の**文字コード体系**の一種です。英文に使う文字、数字、各種記号、制御文字に7ビットの符号を割り当てています。制御文字とは、改行、スペース、タブなど、表現される文字ではありませんが、文章の表現に必要な情報を記したものです。

第6章 ● "文字" を符号化しよう

表6.3の網掛け部分が**アスキーコード**です。**文字コード表**の最上行の2桁目は、アスキーコードの上3ビット分を8進数で表したものです。たとえば、"40"の2桁目の"4"は、それを2進符号の3桁で表した"100"がアスキーコードの上3桁であることを表しています。

表の最も左列の1桁目は、アスキーコードの下4ビット分を16進数で表しています。たとえば、"01"の1桁目の"1"は、それを4桁の2進符号で表した"0001"がアスキーコードの下4桁であることを表しています。

"A"は、上が"40"、左が"01"ですので、アスキーコードとして"1000001"に符号化されることがわかります。

表6.3 アスキー（ASCII）およびANK文字コード表

英数字にカタカナを含めた8ビットのコード体系（ANK文字コード表）

英数字などの符号化に用いる7ビットのコード体系（アスキーコード表）

	00	10	20	30	40	50	60	70	80	90	A0	B0	C0	D0	E0	F0
00	NL	DE	SP	0	@	P	`	p				─	タ	ミ		
01	SH	D1	!	1	A	Q	a	q			。	ア	チ	ム		
02	SX	D2	"	2	B	R	b	r			「	イ	ツ	メ		
03	EX	D3	#	3	C	S	c	s			」	ウ	テ	モ		
04	ET	D4	$	4	D	T	d	t			、	エ	ト	ヤ		
05	EQ	NK	%	5	E	U	e	u			・	オ	ナ	ユ		
06	AK	SN	&	6	F	V	f	v			ヲ	カ	ニ	ヨ		
07	BL	EB	'	7	G	W	g	w			ァ	キ	ヌ	ラ		
08	BS	CN	(	8	H	X	h	x			ィ	ク	ネ	リ		
09	HT	EM	)	9	I	Y	i	y			ゥ	ケ	ノ	ル		
0A	LF	SB	*	:	J	Z	j	z			ェ	コ	ハ	レ		
0B	HM	EC	+	;	K	[	k	{			ォ	サ	ヒ	ロ		
0C	CL	→	,	<	L	\	l					ャ	シ	フ	ワ		
0D	CR	←	−	=	M	]	m	}			ュ	ス	ヘ	ン		
0E	SO	↑	.	>	N	^	n	~			ョ	セ	ホ	゛		
0F	SI	↓	/	?	O	_	o	DL			ッ	ソ	マ	゜		

注1：NL～SPは制御符号。詳しい説明は省略する。
注2：ANK文字コードでは、5C→¥、7E→‾として定義されている。

❺ ANK コード

コンピュータの性能が向上した現在、英数字１文字を通常８ビットで表現します。アスキーコードは７ビットですので、８ビット用いることでもう少し多くの文字を表現できます。表6.2に示す **ANK コード**（Alphabet Numeric Kana コード）は、英数字のほかにカタカナも含めた半角文字を符号化できる文字コード体系です。表の最上行が上４ビット分を表す16進数である点を除けば、表の見方はアスキーコードと同じです。

E かな、漢字の符号化

● ひらがなや漢字は、２バイトの文字コードで表します。

英数字のほか、数多くの漢字やひらがなも符号化できる**２バイト**の文字コードにより、日本語の文章を符号化できます。主なものとして JIS コード、シフト JIS コードがあります。

この章のまとめ

1　文字の符号化には、整数の符号化、（整数以外の）実数の符号化、英数字の符号化、漢字の符号化などがあります。

2　文字と変換後の符号の対応関係を示すため、文字コード表が用いられています。

3　2の文字コード表は、文字とそれに対応する符号の関係を記しています。符号は16進法で記されることが多いといえます。

4　コンピュータ内で扱う数は2進数です。

5　10進数は、2進数に変換して演算し、その結果を10進数に戻しています。

6　同一コンピュータ内では、各整数とも一定のビット数で表現します。

7　負の整数は、絶対値の等しい正数の"2の補数"で表現（符号化）します。

8　2進法で記された正数 N の"2の補数"は、N の"1"を"0"、"0"を"1"に反転した数に1を加えたものです。

9　各文字への符号の割り当てを記した表を文字コード表といいます。

10　英数字は、通常1文字を8ビットの符号で表します。

11　ひらがなや漢字は、2バイトの符号で表します。

練 習 問 題

問題 1　16 進数の BE を 2 進法で表しなさい。

問題 2　10 進法の 189 を 16 進法で表しなさい。

問題 3　8 ビットで整数値を表現するコンピュータでは、−5 はどのように符号化されるか。

問題 4　漢字 1 文字は何ビットの文字コードで表されるか。

問題 5　表 6.2 を用いて以下の問いに答えなさい。

（1）KANAZAWA を、ANK 文字コードの 16 進法表記で表しなさい。

（2）NA を、ANK 文字コードの 2 進法表記で表しなさい。

問題 6　以下の文字のうち 1 バイトの文字コードで表されるものの番号をすべて記しなさい。

1. あ　　2. i　　3. U　　4. 絵

第7章

ディジタル信号の品質

教師：きれいな信号とはどういうものだと思いますか。
学生：きれいな音楽が聴こえるラジオや、きれいな画像が映るテレビ放送の信号でしょうか。
教師：そうですね。では、どうするときれいでなくなるのでしょうか。
学生：たとえば雑音があると、「ザー」という音が加わります。
教師：そうですね。どうして信号に雑音が入るのでしょうね。
学生：それはよくわかりません。
教師：いくつかの主な原因について学びましょう。また、雑音を減らす方法も考えてみましょう。

この章で学ぶこと

1　ディジタル信号の品質評価方法を理解する。
2　ディジタル信号の品質改善方法を理解する。
3　量子化雑音とは何かということと、その大きさの計算方法を理解する。

7.1 品質評価の基礎知識

A 符号誤り率

- 送信した符号と異なる符号を受信することを符号誤りといいます。
- （符号誤りを起こしたビット数 / 全送信ビット数）を符号誤り率といいます。

ディジタル信号は、図7.1のようなディジタル情報を表す0や1から構成される送信信号列です。このようなディジタル信号の品質の評価方法のうち、最も重要なものをこの節で説明します。

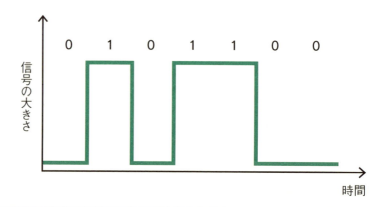

図 7.1　ディジタル送信信号波形の例

ディジタル信号列がいつも正しく受信側に伝わるとは限りません。信号波形は、送信側から受信側に伝えられる間にいろいろな原因によって変形します。図7.1の波形を送信した場合の、受信波形の例を図7.2に示します。5番目の信号が1から0に変化していることがわかります。このように、送信した符号と異なる符号を受信することを**符号誤り**といいます。また、（符号誤り数 / 全送信符号数）を**符号誤り率**、といいます。

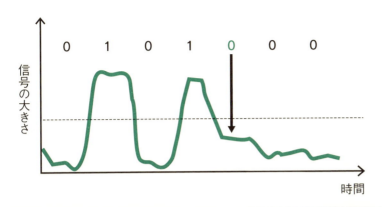

図 7.2　ディジタル受信信号波形の例

B　雑音

● 雑音とは、目的とする信号（以下、目的信号）に付加して信号の受信を妨げるもののことです

　前項で記した**符号誤り**が生じる原因はいろいろあります。ここでは、代表的な原因の一つである**雑音**の例を示します。

　2.1.A の側注に示したように、信号は"音"として直接伝えられる場合のほかに、"電気波形"や"電波"、"光"に変換して伝えられる場合もあります。雑音は、直接"音"などの情報に付加される場合もあれば、それを変換した"電気波形"や"電波"などに付加される場合もあります。以下に具体例を示します。

【例 7-1】

　A 君が B さんに話をしています。図 7.3 のように、近くの工事の音のため B さんは A 君の話を聴きとりにくい、という場合があります。A 君の声（音）を**"目的とする信号"**とすると、近くの工事の音が**"雑音"**です。これは、"音"に直接付加した例です。

第7章 ──ディジタル信号の品質

図 7.3 雑音の例

【例 7-2】

　AM ラジオで音楽を聴いています。しかし、図 7.4 のように他の放送の音も聴こえているため、音楽がきれいに聴こえない場合があります。音楽放送の電波を **"目的とする信号"** とすると、別の放送局の電波が **"雑音"** です。これは、ラジオの電波に雑音が付加した例です。

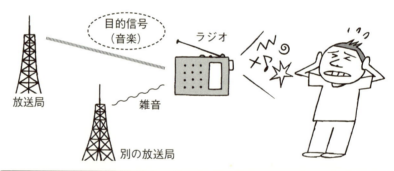

図 7.4 雑音の例

　雑音には、必ず付加してしまうものもあります[1]。必ず付加してしまう雑音があるため、全く符号誤りなく符号を伝えたり、保存することはできません。私たちにできるのは、符号誤り率を極力小さい値にすることです。雑音がどの程度の符号誤りを発生させるか、どのようにすればどの程度減らせるかについては、7.2 節で述べます。7.2 節を理解する上で必要な事柄を、本節の次項以降で学びます。

---

[1] 必ず付加してしまう雑音の例としては、熱雑音と呼ばれるものが挙げられます。熱雑音は、電気信号が物質を通過するときに付加します。物質の温度が絶対零度でない限り、物質中の電子などが振動するため発生、付加する雑音です。

C 確率

- **相対頻度**：ある実験を n 回繰り返したとき、事柄 A が $r(A,n)$ 回観測されるとします。このとき比率 $r(A,n)/n$ を事柄 A の相対頻度といいます。
- **確率**：事柄 A の相対頻度 $r(A,n)/n$ が、n を大きくしていくとき、ある値に収束すれば、その値を A の起こる確率とみなします。

雑音に関する定量的な理解には確率の基礎知識が必要です[2]。具体例で**確率**の意味を確認します。

[2] 詳しくは参考図書 [5] を参照してください。

【例 7-3】

赤の玉が 3 個、白の玉が 2 個入っている袋から玉を 1 つ取り出すときの**確率**を考えます。取り出した玉は毎回袋に戻すものとします。実験結果の例を図 7.5 に示します。1 回目は赤、2 回目は白、3 回目以降は、赤、白、赤、赤、の玉が出ています。n 回目までの結果をもとに

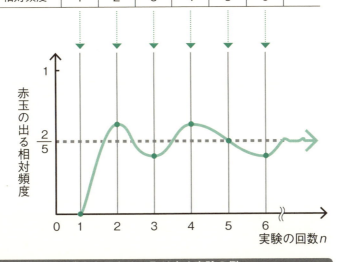

図 7.5 袋から玉を 1 つ取り出す実験の例

した白玉の出る**相対頻度**の数値を表に、グラフ化した結果をその下に示します。最初は2/5から程遠かった相対頻度も回数を重ねるごとに2/5に近づいています。このような場合、「白球を出す確率は2/5」といいます。

D 確率密度

●**確率密度**：数えることができない事象において、その事象の起こりやすさを表す値です。

前項の例では、確率を求めるとき実験（起こった事柄、事象）の回数を数えることができました。しかし、どのような事象も数えることができるわけではありません。

たとえば、図7.6のように100km離れた東京〜熱海間を一定の速度で往復する列車を考えます。ここで、東京と熱海駅での折り返しは瞬時にでき、「列車の長さ」は無視できる、つまり列車を点で近似できると仮定します。このとき、たとえば東京から50km離れた地点に列車がいる確率はいくらでしょうか？ 51kmや52kmではどうでしょうか？

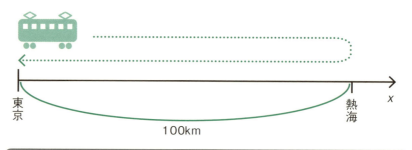

図7.6　等速で往復する列車

列車の通過する地点は無数にあります。ある地点に列車がいる確率が正の値であれば、無数の点での確率を足し合わせたら1を超えてしまいます。つまり列車の存在確率が1を超えてしまいます。これは、「列車が"ある地点"に存在する確率」があると考えようとしたところに無理があります。

これにかえて、"50kmを中心とした1km区間に列車が存在する確

率"なら求められます。100kmのうちの1km区間ですから確率は1/100です。このような場合、**確率密度**という値を使って次のように表現します。東京から50km地点での確率密度は、1/100 [1/km] です。

列車の存在する確率は、(確率密度) × (対象区間の幅) で求められます。たとえば、2km区間に存在する確率は、

1/100 [1/km] × 2 [km] = 2/100

です。

また東京から熱海までの100km区間に存在する確率は、

1/100 [1/km] × 100 [km] = 1

つまり必ず存在するということです。このように、数えることができない事象は、確率密度を使って確からしさを表します。図7.7にこの列車が東京から$x$kmのところに存在する確率密度の様子を示します。

図7.7　確率密度の例（1）～全区間等確率密度の場合～

図7.7の場合、東京～熱海間のどの地点でも確率密度は1/100 [1/km] です。ある範囲の確率密度曲線の面積で、その範囲に値が存在する確率を求められます。たとえば図7.7の場合、東京～熱海間に存在する確率は、図7.7の緑線と黒線で囲まれた長方形の面積である、東京～熱海間の距離100km × 確率密度1/100 [1/km] により、確率は1と求められます。

列車が東京、熱海のみに停車する場合、東京、熱海付近のみで減速しますので、東京、熱海付近で確率密度が高くなります。この場合、東京から$x$km地点での確率密度$f(x)$は図7.8のようになります。

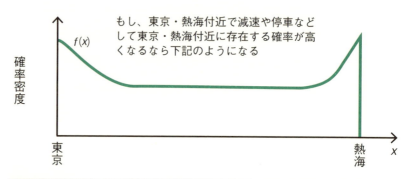

図7.8　確率密度の例（2）～東京、熱海付近で確率密度が高い場合～

E　量子化雑音

- 量子化雑音　　　：標本化した信号値 v_s を量子化するときに生じる雑音です。
- 量子化雑音の値：v_n ＝量子化した信号値 v_{sd} － 量子化前の信号値 v_{sa}

　第1章でアナログ信号をディジタル信号に変換する際、標本化⇒量子化⇒符号化の順で行うことを学びました。また2.2.Bで標本化定理に従って標本化すれば、標本値から元のアナログ信号を正確に復元できることも学びました。しかし2.2.Dに示したとおり、量子化後の値から量子化前の値に戻すことはできません。このため、標本値 v_{sa} と量子化後の値 v_{sd} の差分である量子化誤差も、量子化という操作で発生した雑音の一種と考え、**量子化雑音**と呼びます。量子化雑音の値は次式で計算されます。

　　量子化雑音の値＝（量子化後の信号値 v_{sd} － 量子化前の信号値 v_{sa}）

　この値の持つ意味を次の例で考えます。

【例7-4】

　各時刻の標本値を整数に量子化する例を図7.9に示します。最初の標本値1.4は1.0に量子化されています。このとき、量子化雑音量は、1.0 － 1.4 ＝ －0.4 です。標本値1.4に量子化雑音 －0.4 が加わったため、量子化後の値が1.0になったと考えるわけです。以後の時刻の量子化

雑音の値も同様に考えられることを確認してください。

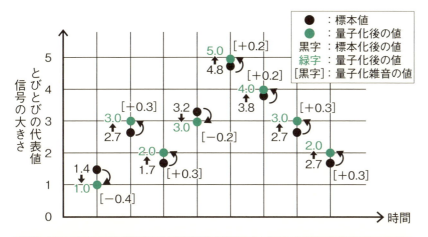

図 7.9　量子化雑音の値

F　量子化雑音電力

● 量子化雑音の値として、とびとびの $v_{n1} \sim v_{nm}$ の m 個の値をとり、v_{ni} をとる確率が p_i の場合、量子化雑音電力 N_q は次の式で求められます。

$$N_q = \sum_{i=1}^{m} v_{ni}^2 p_i$$

次に量子化雑音が信号に与える悪影響の評価に必要な、量子化雑音電力の計算方法を示します[3]。**量子化雑音電力** N_q は、m 個の量子化後のデータがあり、ある量子化雑音の値 v_{ni} の発生する確率が p_i の場合、

$$N_q = \sum_{i=1}^{m} v_{ni}^2 p_i \tag{7.1}$$

で求めます。

[3] 量子化雑音が大きいということは、量子化誤差が大きいということです。このため、量子化雑音電力の低減は重要です。

【例題 7-1】

前項に示した例の場合の量子化雑音電力を求めなさい。

解答 1

8 個の量子化後のデータがあるため $p_i = 1/8$ ($i = 1, 2, \cdots, 8$) です。$v_{n1} \sim v_{n8}$ をそれぞれ $-0.4, 0.3, 0.3, -0.2, 0.2, 0.2, 0.3, 0.3$ として、

第7章 ●──ディジタル信号の品質

$$N_q = \{(-0.4)^2 + 0.3^2 + 0.3^2 + (-0.2)^2 + 0.2^2 + 0.2^2 + 0.3^2 + 0.3^2\} \times \frac{1}{8}$$
$$= 0.64 \times \frac{1}{8}$$
$$= 0.08$$

と求められます。

解答2

量子化雑音の値が -0.4 となる確率が $1/8$

量子化雑音の値が -0.2 となる確率が $1/8$

量子化雑音の値が 0.2 となる確率が $2/8 = 1/4$

量子化雑音の値が 0.3 となる確率が $4/8 = 1/2$

なので、

$$N_q = (-0.4)^2 \times \frac{1}{8} + (-0.2)^2 \times \frac{1}{8} + 0.2^2 \times \frac{1}{4} + 0.3^2 \times \frac{1}{2}$$
$$= 0.08$$

と求められます。

以下、いくつかのケースについて量子化雑音電力を計算してみます。

❷ 量子化雑音が常に最悪値（最大値）をとる場合

量子化により量子化雑音が常に最大値をとる特殊な場合を考えます。たとえば量子化ステップ幅が「2」の場合、量子化雑音の値 v_n は最大 1 です。量子化雑音の値が常に 1 の場合の量子化雑音電力 N_q は、

$$N_q = 1^2 \times 1 = 1$$

となります。

次に、量子化ステップ幅が 1 の場合を考えます。整数値に標本化する場合が代表例です。このとき、量子化雑音の値 v_n は最大 1/2 です。たとえば標本化値 = 2.5、量子化したあとの値 = 3 の場合です。このとき、量子化雑音電力 N_q は、

$$N_q = \left(\frac{1}{2}\right)^2 \times 1 = \frac{1}{4}$$

となります。

以上 2 つのケースから、量子化雑音が常に最大値をとる場合、量子化ステップ幅を 1/2 にすると、量子化雑音電力は 1/4 になることが

わかります。

また、量子化ステップ幅を $\left(\frac{1}{k}\right)$ 倍にすると、量子化雑音の値 v_n の最大値も $\left(\frac{1}{k}\right)$ 倍になるため、量子化雑音電力は $1/k^2$ 倍になります。

❺ 量子化雑音が複数の値を等確率でとる場合

❹では、量子化雑音が常に最大値をとる場合を考えました。次に、いくつかの量子化雑音の値を等確率でとる場合を考えます。

❺−① 量子化ステップ幅が "2" の場合

量子化ステップ幅が 2 で、量子化雑音の値として 0, 0.2, 0.4, 0.6, 0.8, 1.0 をとる確率がそれぞれ 1/6 の場合、量子化雑音電力 N_q は、

$$N_q = (0^2+0.2^2+0.4^2+0.6^2+0.8^2+1^2) \times \frac{1}{6} = \frac{2.2}{6} \cong 0.37$$

となります。

❺−② 量子化ステップ幅が❺−①の $1/k$ 倍の場合のケース

量子化ステップ幅が❺−①の $1/k$ 倍の場合を考えます。この場合、量子化雑音の最大値は $1/k$ となりますので、❺−①と同様量子化雑音として $0 \sim 1/k$ の間の 0, 0.2/k, 0.4/k, 0.6/k, 0.8/k, 1/k をとる確率がそれぞれ 1/6 の場合を考えます。このとき量子化雑音電力 N_q は、

$$N_q = \{(0/k)^2+(0.2/k)^2+(0.4/k)^2+(0.6/k)^2+(0.8/k)^2+(1/k)^2\} \times \frac{1}{6} = \frac{2.2}{6k^2}$$
$$\cong \frac{0.37}{k^2}$$

となります。❹の場合と同様、❺でも量子化ステップ幅を $1/k$ 倍にすると、量子化雑音電力は $1/k^2$ 倍になります。

❺−③ 量子化雑音がある範囲に等確率密度で存在する場合

量子化雑音がとびとびの値をとるときの量子化雑音電力の求め方は、この項の冒頭で述べました。アナログ信号は連続した値をとりますので、アナログ信号を標本化したときの量子化雑音の値 v_n も、ある範囲内の任意の値をとる可能性があります。このような値の確から

しさは 7.1.D に示した確率密度により表せます。量子化雑音の値の確率密度を $f(v_n)$ とすると、量子化雑音電力 N_q は次式で求められます。

$$N_q = \int_{v_{n,min}}^{v_{n,max}} v_n^2 f(v_n) \, dv_n \tag{7.2}$$

ここで $v_{n,min}$ および $v_{n,max}$ は v_n の最小値および最大値を表します。

量子化ステップ幅 s で量子化したとき、量子化雑音の値 v_n の確率密度が $v_{n,min} = -s/2$ から $v_{n,max} = s/2$ の範囲内で一定値の場合[4]の量子化雑音電力を求めます。$f(v_n)$ は、$-s/2 \sim s/2$ の範囲で一定値かつ、この範囲以外の値をとらない場合、

$$f(v_n) = 1/s \tag{7.3}$$

です。このため、量子化雑音電力 N_q は、

$$N_q = \int_{-\frac{s}{2}}^{\frac{s}{2}} v_n^2 f(v_n) \, dv_n$$

$$= \int_{-\frac{s}{2}}^{\frac{s}{2}} v_n^2 \frac{1}{s} dv_n$$

$$= \frac{1}{s} \int_{-\frac{s}{2}}^{\frac{s}{2}} v_n^2 \, dv_n$$

$$= \frac{1}{s} \times \frac{s^3}{12}$$

$$= \frac{s^2}{12} \tag{7.4}$$

と簡単な式で計算できることがわかります。

たとえば量子化ステップ幅 $s = 2$ の場合、$N_q = \frac{2^2}{12} = \frac{1}{3} \cong 0.33$ となります。この電力値は❺−①のように 6 個の離散的な値と仮定した場合の電力値（$N_q \cong 0.37$）と 10% 程度しか違わないので、❺−①のような方法でも量子化雑音電力の近似値を計算できることもわかります。

4
これを連続一様分布といいます。

7.2 品質評価方法

A 信号対雑音比

- 信号対雑音比とは、信号電力 / 雑音電力のことです。
- 受信値の確率密度を表す曲線は、
  - ・雑音がなく目的とする信号のみの受信値で最大となり、両側にすそ野を持つ山形
  - ・信号対雑音比が大きいほど、急峻な山形

  となる場合が多い。

図 7.1 の波形を送信しても、図 7.2 のように受信波形が変形し、受信側で誤って送信符号と異なる符号だと判定する**符号誤り**を生じる場合があることを 7.1.A で学びました[5]。その主な原因の一つが信号に付加される雑音であることを前節で学びました。たとえば電圧や電流波形で信号を伝える場合、7.1.B の側注で示したように熱雑音[6]と呼ばれる雑音が必ず付加されます。付加される雑音電力が大きいほど符号誤りは生じやすくなります。一方、多少雑音のある雑踏でも大きな声であれば正しく聴こえるように、受信する信号電力が大きいほど符号誤り率は少なくなります。

このため受信信号電力と雑音電力の比である**信号対雑音比**（**SNR**: Signal－to－Noise Ratio）を、受信信号品質評価の重要なパラメータとして用います。一般に SNR が大きいほど符号誤り率は小さいといえます。

信号対雑音比は、しばしば次式のように常用対数をとった値で表示されます。この場合、単位は **dB**（**デシベル**）です。

$$信号対雑音比 = 10 \times \log_{10} \left(\frac{信号電力}{雑音電力} \right)$$

【例題 7-2】

雑音電力が 0.1mW で、信号電力が 1mW、10mW あるいは 100mW の時の信号対雑音比をそれぞれ求めなさい。単位は dB で記しなさい。

5
具体例としては、送信側で "0" 送信時に受信側で "1" と判断したり、"1" 送信時に、受信側で "0" と判断すること。

6
電気を伝える電子（自由電子）の不規則な振動により生じる雑音。

第 7 章 ●──── ディジタル信号の品質

解答

信号電力が 1mW の時、

$$10 \times \log_{10}\left(\frac{1}{0.1}\right) = 10 \times \log_{10}(10) \times 1 = 10 \mathrm{dB}$$

信号電力が 10mW の時、

$$10 \times \log_{10}\left(\frac{10}{0.1}\right) = 10 \times \log_{10}(100) = 10 \times 2 = 20 \mathrm{dB}$$

信号電力が 10mW の時、

$$10 \times \log_{10}\left(\frac{100}{0.1}\right) = 10 \times \log_{10}(1000) = 10 \times 3 = 30 \mathrm{dB}$$

以上のように、信号対雑音比の真数（対数をとる前の値）が 10、100、1000 と 1 桁大きくなるごとに、dB 表示の値は 10dB、20dB、30dB と 10dB ずつ大きくなります。

信号対雑音比が大きい時と小さい時、それぞれの場合の受信値の経時変化の例を図 7.10、図 7.11 それぞれの左図に示します。そのときの受信値の確率密度の例、$f_{\mathrm{high}}(x)$ および $f_{\mathrm{low}}(x)$ を図 7.10、7.11 それぞれの右図に示します。なお、図 7.7、7.8 では縦軸を確率密度としましたが、図 7.10、図 7.11 では横軸を確率密度としている点に注意してください。

ここで両図とも雑音のない時の受信信号値は受信時刻によらず一定値 x_s としています。図 7.10、図 7.11 のどちらの場合も確率密度は x_s で最大となっています。しかし確率密度を表す曲線の形が異なります。大きな信号対雑音比の図 7.10 では、受信値が x_s 付近に集中するため、確率密度を表す曲線は急峻な山形をしています。これに対し、小さな信号対雑音比の図 7.11 では x_s から離れた受信値もとる場合が多いので、確率密度を表す曲線は幅広くなっています。この違いが、符号誤り率に影響します。符号誤り率と信号対雑音比の関係は 7.2.C 項で詳しく説明します。

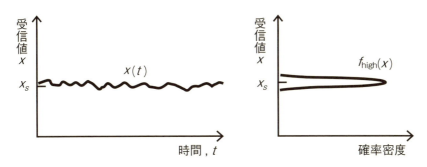

図 7.10　信号対雑音比が大きい時の確率密度

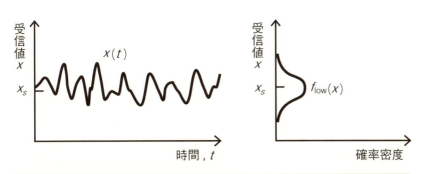

図 7.11　信号対雑音比が小さい時の確率密度

B　符号誤り率の計算例

符号誤り率の定義は、7.1.A に示したとおりです。以下の具体例で確認しましょう。

【例題 7-3】

1 秒間に 9600 ビット伝送する送受信系において、100 秒間に 96 ビット誤りのある場合の符号誤り率を求めなさい。

解答

$$\frac{96}{9600 \times 100} = 10^{-4}$$

⇒　符号誤り率は 10^{-4} です。

【例題 7-4】

1 秒間に 9600 ビット伝送する送受信系において、5 分間に 576 ビット誤りのある送受信系の符号誤り率を求めなさい。

解答

5 分間は、5 × 60 秒間なので、

$$\frac{576}{9600 \times (5 \times 60)} = \frac{576}{2880000} = 2 \times 10^{-4}$$

⇒　符号誤り率は 2×10^{-4} です。

C　符号誤り率と信号対雑音比の関係

● **符号誤り率は、信号対雑音比から求められる受信値の確率密度により推定できます。**

7.2.A 項で説明した信号対雑音比と、7.1.A 項で説明した符号誤り率の関係を見てみましょう。雑音がない場合、符号"0"の受信時は x_0、符号"1"の受信時は x_1 を受信するとします。このとき雑音を含めた"0"および"1"の受信値の確率密度、$f_0(x)$ および $f_1(x)$ は、通常図 7.12 のように、それぞれ x_0、x_1 を頂点とした山形の曲線になります。

受信装置は、ある値以上を受信したときは"1"の受信、ある値未満を受信したときを"0"の受信と判断しています。このある値を**識別値**といい、ここでは x_t と表すことにします。

このとき、図 7.12 の黒網掛け部分は、"0"の受信にもかかわらず"1"の受信と判断する部分、緑網掛けは"1"の受信にもかかわらず"0"の受信と判断する部分、つまり符号誤りを生じるケースです。ある部分の確率密度曲線の面積で、その部分のケースとなる確率を求められることを 7.1.D 項で学びました。このことから黒網掛け部分と緑網掛け部分の面積の合計を計算することで符号誤り率を求められることがわかります。

雑音量を減らして信号対雑音比を大きくした場合、図 7.12 の黒、

緑の両曲線とも頂点の位置はそのままで急峻な山形となるため、網掛け部分の面積が小さくなります。これは符号誤り率が小さくなることを意味します。また信号を大きくして信号対雑音比を大きくした場合、図7.12の黒、緑の両曲線の形は変わらず、2つの頂点の間隔（$x_1 - x_0$）が大きくなるため、やはり網掛け部分の面積が小さくなります。これも符号誤り率が小さくなることを意味します。

このような計算方法により信号対雑音比と、符号誤り率の関係を計算できます[7]。

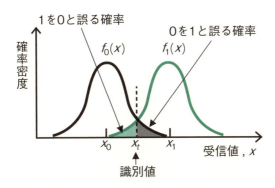

図7.12　受信値の確率密度と符号誤り率の関係

[7] 無線や光通信における信号対雑音比と符号誤り率の関係式を学びたい方は参考図書[6]を参照してください。

D　符号誤り検出・符号誤り訂正

- **誤り検出符号**：受信符号に誤りのあることを検出できる符号。
- **誤り訂正符号**：受信符号にある誤りを訂正できる符号。

符号誤りを減らす方法としては、前項で説明した信号対雑音比を大きくするという方法のほかに、誤り検出符号を用いて、誤った符号を受信側で検出し、送信側から再送してもらう方法があります。また誤り訂正符号を用いて、受信側で誤りを訂正する方法もあります。本項では、符号誤りが頻繁には生じない場合に使用できる例を示します。

a　誤り検出符号

誤り検出符号を用いることで、受信符号のうち何ビット目付近に誤

りがあるかを検出できます。このため、その部分を送信側に再送してもらうことで正しい符号を受信できます。

誤り検出符号の一例としては、**パリティビット**というものを用いる方法があります。たとえば、1を送信したい場合はパリティビットとして0を付加して10を送信します。0の場合は1を付加して01を送信します。このような符号は、図7.13の[b]に記したように最初の符号から2個ずつ組にすると必ず和が1になります。[c]のように受信側での符号誤りにより11や00の組が出れば、和が2や0になるため符号誤りのあることがわかります。

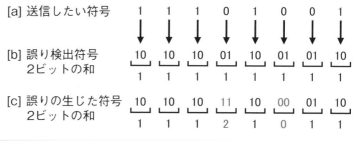

図7.13　誤り検出符号の例

❺ 誤り訂正符号

単純な**誤り訂正符号**の例としては、1を送信した場合は111、0を送信したい場合は000を送信する方法が挙げられます。111を送信した場合、3個の1のうち1ビット誤りが生じて110となっても多数決で1と判断できます。000も同様です。

以上の誤り検出、誤り訂正は連続した2ビットあるいは3ビットのうち符号誤りが1ビット以下の場合に有効です。またここで説明した方法では誤り検出や誤り訂正のために符号数が2倍、3倍になります。実際には、誤り検出や誤り訂正のために付加する符号数増の割合がこれらの例より十分少なく、かつ符号誤り率の大きい場合も有効な各種誤り検出、誤り訂正符号があります[8]。

---

8 誤り検出符号、誤り訂正符号の学習を深める方は参考図書[8]を参照してください。

この章のまとめ

1. 送信した符号と異なる符号を受信することを符号誤りといいます。

2. (符号誤りを起こしたビット数 / 全送信ビット数) を符号誤り率といいます。

3. 雑音とは、目的とする信号の受信を妨げる信号のことです。

4. 相対頻度：ある実験を n 回繰り返したとき、事柄 A が起こる回数が $r(A,n)$ 回観測されるとき、比率 $r(A,n)/n$ を事柄 A の相対頻度といいます。

5. 確率：事柄 A の相対頻度 $r(A,n)/n$ が、n を大きくしていくときある値に収束すれば、その値を A の起こる確率とみなします。

6. 確率密度：数えることができない事象において、確からしさを表す値です。

7. 量子化雑音：標本化した信号値 v_s を量子化するときに生じる雑音です。

8. 量子化雑音の値：$v_n =$ 量子化した信号値 v_{sd} － 量子化前の信号値 v_{sa}

9. 量子化雑音の値としてとびとびの $v_{n1} \sim v_{nm}$ の m 個の値をとり、v_{ni} をとる確率が p_i の場合、量子化雑音電力 N_q は次の式で求められます。

$$N_q = \sum_{i=1}^{m} v_{ni}^{\,2}\, p_i$$

10. 信号対雑音比とは、(信号電力 / 雑音電力) のことです。

11. 受信値の確率密度を表す曲線は、

    ・雑音がなく目的とする信号のみの受信値で最大となり、両側にすそ野を持つ山形

    ・信号対雑音比が大きいほど、急峻な山形

    となる場合が多いといえます。

12. 符号誤り率は、信号対雑音比から求められる受信値の確率密度により推定できます。

13. 誤り検出符号：受信符号に誤りのあることを検出できる符号。

14. 誤り訂正符号：受信符号にある誤りを訂正できる符号。

第7章 ●——— ディジタル信号の品質

練 習 問 題

問題1 図7.7の確率密度で東京〜熱海間を往復する列車が、東京〜横浜区間に存在する確率は何％か。ただし東京〜横浜間の距離を29kmとする。

問題2 量子化雑音とは何か。簡潔に説明しなさい。

問題3 量子化雑音の値としてとびとびの v_1、v_2、v_3 の3個の値をとる確率がそれぞれ p_1、p_2、p_3 の場合における量子化雑音電力 Nq を v_1、v_2、v_3 および p_1, p_2, p_3 を用いて表しなさい。ただし $p_1 + p_2 + p_3 = 1$ とする。

問題4 量子化雑音の値が1/2の場合の量子化雑音電力を求めなさい。

問題5 量子化ステップ幅が1で、量子化雑音として0、0.1、0.2、0.3、0.4、0.5をとる確率がそれぞれ1/6の場合の量子化雑音電力を求めなさい。

問題6 量子化後の代表値が0および1で、標本値の確率密度が0〜1の区間で一定かつそれ以外の区間では0の場合について、量子化雑音電力を求めなさい。

問題7 信号電力が0.2mW、雑音電力が0.001mWのときの信号対雑音比を求めなさい。解答は信号対雑音の真値およびデシベル（dB）表示の両方で示しなさい。ただし $\log_{10}2 \cong 0.3$ と近似して答えなさい。

問題8 1秒間に1メガビット伝送する送受信系において、1分間に60ビットの誤りのある送受信系の符号誤り率を求めなさい。

問題9 受信装置での符号誤り率を確実に減らせるのは、次のうちどの操作を行った場合か。正解をすべて示しなさい。

　　1. 受信信号電力、雑音電力とも増加させる。

　　2. 受信信号電力を増加させ、雑音電力を減少させる。

　　3. 受信信号電力を増加させ、雑音電力は変化させない。

　　4. 受信信号電力は変化させず、雑音電力を減少させる。

問題10 誤り検出符号と誤り訂正符号について、両者の違いがわかるように簡潔に説明しなさい。

第8章

マルチメディアのこれから

教師：マルチメディアはディジタルメディアで実現できました。このディジタルメディアのない世界の不便さは、それを知らない世代にはなかなか想像できないでしょうね。

学生：たとえばどういうことでしょう。

教師：携帯電話では電話しかできませんでした。

学生：メールはどうしていたのですか。

教師：大半の人はメールを使用していませんでした。使用していた人も、机に座ってパソコンでメールをしていました。

学生：私たちが生まれ育ったこの数十年ほどの間に大きく変化したわけですね。

教師：メールの送受信、情報検索、各種予約や購入などもスマートフォンでできて当たり前の時代になりました。さらにドライブも、各地の渋滞や事故情報などを逐次確認しながら、カーナビが早く到着できるルートへ自動的に変更してくれるようになりました。

学生：これからもっと便利になっていくのでしょうか。

教師：情報機器と私たちとの関係は大きく変化していくと予想されます。現代社会は、いたるところでディジタルメディア技術が活用され、今までになかったような活用も図られています。まずは今までに学んだ知識をもとに、皆さんの身近にある情報機器がどのような動作をしているかを理解してください。そして今後はどのような活用が図られていくのかも調べてみましょう。

この章で学ぶこと

1. 身近なディジタルメディア技術の活用例を複数挙げられる。
2. 将来実現できたら私たちの生活にもっと役立つと思える活用例を挙げられる。
3. 前章までに学んだことをどのように利用することで、上記1で皆さんが挙げた活用例を実現しているかについて、そのしくみを説明できる。

8.1 幅広い分野で活躍するマルチメディア

A 携帯端末とディジタル情報

電話やPCなど、人間が情報を入出力できる情報通信機器を**情報端末**あるいは**端末**と呼び、スマートフォンやタブレットなど、持ち運びできる端末を**携帯端末**と呼びます。

携帯端末の機能は最初は通話のみでした。その後、電子メールも送受信できるようになった理由を確認してみましょう。その理由は以下のとおりですね。

・図8.1に示す音声の**アナログ信号**を送受信する携帯電話から、図8.2に示す音声の**ディジタル信号**を送受信する携帯電話やスマートフォンに進化したこと。

・携帯電話やスマートフォンで音のほかに、**文字をディジタル信号**に変換した後に送受信できる機能も追加したこと。

・同じディジタル情報でも、どの部分が音声情報で、どの部分が文字情報かがわかる仕掛けを付け加えたこと。

この結果、音の情報とともに文字情報もディジタル情報として同じ端末で扱えるようになりました。

ついでインターネット上の各種ホームページも、携帯電話やスマー

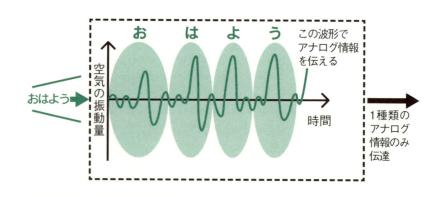

図8.1　音声のみ伝達していた携帯電話

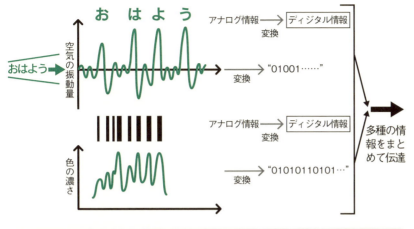

図 8.2　多種多様な情報を伝達できる現世代の携帯端末

トフォンで見ることができるようになりました。これは、携帯端末に次の機能が追加されたためです。

- **画像情報をデジタル信号**に変換した後に送受信できる機能。
- **音情報**、**文字情報**の他、**画像情報**など多種類の情報を区別して送受信できる機能。

音情報、画像情報、文字情報など多種類の情報を携帯端末が扱えるようになったことで、今では次のような多種機器の機能を持っています。カッコ内は、インターネットなどの情報ネットワークを通して携帯端末に入力されて、ユーザ向けに出力される情報の種類です。

- ラジオ（音声情報、静止画像情報、文字情報）
- テレビ（音声情報、動画像情報、文字情報）
- インターネット検索（検索内容によるが、音の情報、静止画像・動画像情報、文字情報など）
- ソフトウェアの内容の更新（ソフトウェアのプログラム情報）
- 時計（時刻情報）
- 各種予約・購入端末（予約・購入に関する情報）
- 各種ポイントの記録装置（ユーザ名、保有ポイント数など）

携帯端末を使用したときに、今どのような情報を携帯端末がネットワークとやり取りしているのかを、リストアップしてみましょう。

Ⓑ 家電とディジタル情報

　情報ネットワークを通したディジタル情報の活用により、外出先から自宅内機器をコントロールするなど、遠隔からの家電操作も普及してきています。例を次に示します。以降の項を含め、カッコ内は、情報ネットワークを介してやり取りされている情報です。

- ・家の様子のスマートフォンでの確認（音の情報、動画像情報がユーザへ）
- ・テレビ付きインターフォンによる来訪者の確認と応答（来訪者の画像情報と音声がユーザへ、ユーザの音声が来訪者へ）
- ・自宅の施錠状態の確認／施錠（施錠有無などの情報がユーザへ、施錠指示情報が自宅の機器へ）
- ・エアコンやお風呂のコントロール（給湯／運転開始指示の情報、温度変更指示の情報がエアコン・風呂へ、設定温度や現在の温度などの情報がユーザへ）
- ・ガス消し忘れ自動通報、火災などセンサでの検知情報の通報（検知情報の種類と内容がユーザへ）

　1種類の情報の伝達ならアナログ信号でも可能です。音、映像、各種センサ情報、制御信号、検知情報など多種類の信号を、情報の種類もわかるように区別して伝達できるしくみを利用することが、ディジタル情報活用のポイントです。

　また家の中でもディジタル情報はいろいろなところで活用されています。たとえば、家庭内の無線ネットワークを通して、テレビ、ビデオデッキのコントロールをはじめ各種電気機器をスマートフォン1つできめ細かにコントロールできます。

　スマートフォンで、今どのような家電をどのようにコントロールできるのか、またそのときどういう情報を無線ネットワークとやり取りしているかを調べてみましょう。

C 自動車とディジタル情報

　自動車はもともと移動手段としての役割を担っていました。しかしその後、ユーザのさまざまなニーズに応えられるようになりました。たとえば、道路に設置されたアンテナなどから、情報ネットワークを介して次のような情報も取得できるようになってきています。

　　・行先までの各経路の混雑状況の情報取得[1]

　　・駐車場・飲食店情報（自動車周辺の施設位置情報、混雑状況）

　自動車側とやり取りしている次のシステムに使われている装置はユーザにも見つけやすいものですね。

　　・電子料金収受システム（ETC:Electronic Toll Collection System）

　上述の情報に加え、自動車のセンサ[2]が検知する安全対策上重要な各種情報を活用することによる自動減速・停止装置の導入、さらに人が運転する必要のない自動運転の研究・開発も進められています。

---

[1]
取得した情報を活用して、最適経路情報の表示も行われています。

[2]
たとえば、前方・側方の歩行者や障害物の検出、車線逸脱の検出、交通信号情報の検出。

D 医療とディジタル情報

　健康保持や医療行為に必要な各種測定、診断の結果は各種ディジタル情報として保存、活用されています。

　各種ディジタル情報の特徴を生かした、次のような活用も行われています。

　　・体温、血圧、運動量など、個人で測定可能な各種情報の保存・スマートフォンや PC への転送

　　・カルテ情報の保存、適切な診断のために、複数の医療機関がそれぞれ管理している情報の患者ごとの統合

　　・医療機関が診断のため撮影した高精細検査画像や検査結果などの情報のディジタル情報としての保存、遠隔医療機関による診断

などです。

　さらに、遠方の医療機関の専門医による遠隔手術システムの開発も進められています。

第8章 ● マルチメディアのこれから

E 災害とディジタル情報

人々の安心・安全確保のため、以下のシステムの研究や導入が進められています。

- ・地震、津波、豪雨、台風、竜巻などの早期発見、進路予測などに役立つ各種情報の収集と各種収集データを活用した予測（気候、地震に関する各種情報）
- ・人が容易に収集できない各種情報のドローンなどによる収集とそれを活用した予測（災害現場の画像情報他、秘境の画像・音情報、地形測量のための画像情報、スポーツ実況中継の画像情報、放射線量などの計測値、巨大な倉庫の在庫管理情報）

F 各種産業とディジタル情報

各種産業でも、次のようなさまざまな研究や導入が進められています。

a 農業

効率的な農作業のサポート（田や畑の気温、雨量、田んぼの水量などを測定するセンサの出力情報、生育状況把握のための固定カメラやドローンで撮影した画像情報）

b 工業

産業ロボットによる生産自動化（製品をロボットアームでつかむ場合でいえば、製品の位置情報、形状推定用画像情報、機械のアームで製品をつかんだ時の圧力情報、アームから製品までの距離情報）

c 各種サービス業

店での販売管理（購買者のクレジットカードやポイントカードなどに登録されたユーザ情報、バーコードやRFID[4]から読み取れる商品情報、購入日時、購入店名など）

セルフ販売（クレジットカード、ポイントカードに登録されている

4
登録情報を無線通信でやりとりできるICチップ。

購入者情報、購入物情報、購入日時）

　人型ロボットによる店頭販売や介護（顧客の画像情報、顧客の音声情報、人型ロボットの話す言葉の情報、人型ロボットの表情やしぐさをコントロールするための情報）

ⓓ　交通、電力、通信、ガス、水道

　電線、通信設備、ガス管、水道管、道路、橋をはじめとする各種社会基盤設備の利用量の測定、老朽度の検出（使用電流量、通信量、使用ガス量、使用水量、各種機器の老朽度測定用センサの出力情報）

　以上のように、社会の各分野でのディジタルメディアの新たな活用方法は今もどんどん出てきています。ディジタル化された各種情報は容易に入手できるようになり、自動化できる部分はどんどん自動化されるかもしれません。一方、それが人類の幸せや地球環境の保持などに役立つか否かを勘案することも強く求められるようになっています。

第 8 章 ●——— マルチメディアのこれから

この章のまとめ

1　現代社会は、非常に多くのディジタル情報を活用しています。

2　端末と情報ネットワーク間で、音情報、画像情報、文字情報、各種デー
　　タの情報のやりとりをしています。

3　家電と端末間も、多種の情報をやりとりしています。

4　自動車は情報ネットワークから道路の混雑状況や、駐車場、店の混雑
　　状況の情報を入手できるものになりました。

5　医療機関が診断に用いる患者の高精細検査画像情報、カルテ情報、治
　　療や手術に必要な情報を、遠方の医療機関に情報ネットワークで瞬時
　　に送信できるシステムの研究・開発や導入も進められています。

6　災害時の状況把握にも各種ディジタル情報が活用されています。

7　農業、工業、各種サービス業やそれらを支えるインフラストラクチャ
　　の維持にも、各種ディジタルデータは、幅広く活用されています。

練 習 問 題

問題1　携帯電話が利用され始めたころは、電話（会話）以外の機能を追加するのが困難であった。理由を簡潔に答えなさい。

問題2　自宅のテレビ付きインターフォンに話しかけた来訪者に、外出先のユーザが来訪者をスマートフォンで確認したのちにインターフォンで応答できるシステムがある。

　(1)　ユーザが来訪者を確認するために、どういう情報がどのようなしくみでユーザに届きますか。簡潔に説明しなさい。

　(2)　ユーザの応答する声が来訪者に聴こえるしくみを簡潔に説明しなさい。

問題3　次の産業で使用するシステムが扱っているディジタル情報の例をそれぞれ1つ挙げなさい。

　(1)　農業

　(2)　工業

　(3)　サービス業

練習問題 解答

第 1 章　練習問題（→ p.21）

問題①　メディアとは、情報を伝達・記録・保管するために使う"もの"や"装置"のこと。
⇨ 1.1.C

問題②　マルチメディアとは、文字、音声、映像など複数の種類の情報を、ひとまとめにして扱うメディアのこと。
⇨ 1.1.D

問題③　ディジタルメディアとは、符号化された数字列の伝達に使われるメディアのこと。
⇨ 1.1.D

問題④　B ⇨ C ⇨ A
⇨ 1.1.B

問題⑤　アナログ情報とは連続的に変化する情報、ディジタル情報とは数字、英字、記号など、離散的な（不連続な）形で表した情報。
⇨ 1.1.E、1.1.F

問題⑥　音や画像などのアナログ信号をディジタル信号に変換すること。
⇨ 1.2.A

問題⑦　ディジタル信号をアナログ信号に変換する（戻す）こと。
⇨ 1.2.A

問題⑧　標本化、量子化、符号化。
⇨ 1.2.E

問題⑨　標本化とは、標本化とはアナログ信号から、一定の時間間隔ごとの「値」（標本値）を取り出すこと。
⇨ 1.2.B

量子化とは、標本値を、最も近いとびとびの代表値に置き換えること。
⇨ 1.2.C

符号化とは、量子化された信号を、伝送や保存に都合の良いディジタル信号の列に変換すること。
⇨ 1.2.D

問題⑩　8 ビット
⇨ 1.2.H

問題⑪　1 kb ⇨ 1000 b,　1Mb ⇨ 10^6 b
⇨ 1.2.H

問題⑫　1 kB ⇨ 1000 B,　1MB ⇨ 10^6 B
⇨ 1.2.H

第 2 章　練習問題（→ p.40）

問題①　一定時間間隔ごとに繰り返される現象の、一定時間のこと。
⇨ 2.1.B

問題②　一定時間間隔ごとに繰り返される現象の、単位時間当たりに繰り返される数のこと。
⇨ 2.1.B

問題③　周波数 200Hz の正弦波 / 周波数 200Hz の余弦波 / 周波数 200Hz の正弦波と余弦波を足し合わせた波形、のいずれも正解。
⇨ 2.1.B、2.1.C

練習問題解答

問題④　周波数 $f = 100$ Hz とすると、

周期 $T = 1/f = 1/100 = 0.01$ 秒。

10 ミリ秒でも可。　　　　　　　　　　　　　　　　　　　　　　⇨ 2.1.B

問題⑤　周期 $T = 10$ 秒とすると、

周波数 $f = 1/T = 1/10 = 0.1$ Hz　　　　　　　　　　　　　　⇨ 2.1.B

問題⑥　最高周波数 $T_{max} = 20 \times 10^3$ Hz

とすると、標本化周波数 T_s の満たすべき条件は、

$T_s > 2 \times T_{max} = 2 \times 20 \times 10^3 = 40 \times 10^3$

だから、標本化周波数を 40 kHz より高くすればよい。　　　　⇨ 2.2.B、2.2.C

問題⑦　量子化に用いる代表値間の間隔のこと。　　　　　　　　　⇨ 2.2.D

問題⑧　必要な代表値の個数は、$((22 - 6)/2 + 1) = 9$ 個。$9 = 8 + 1 = 2^3 + 1$ のため、

4 ビット必要。　　　　　　　　　　　　　　　　　　　　　　⇨ 2.2.D

問題⑨　標本化周波数として、5 kHz × 2 = 10 kHz　あればよい。モノラル音楽なので、

1 秒間に送信すべき情報量は次のとおり。

10×10^3 ［Hz］ × 4 ［bit］ × 1 ［チャネル］ × 1 ［秒］ = 40×10^3 bit

40 kbit でもよい。　　　　　　　　　　　　　　　　　　　　⇨ 2.2.F

問題⑩　標本化周波数として、20 kHz × 2 = 40 kHz あればよい。ステレオ音楽なので、

1 分間に送信すべき情報量は次のとおり。

40×10^3 ［Hz］ × 10 ［bit］ × 2 ［チャネル］ × 60 ［秒］ = 48×10^6 bit

48 Mbit でもよい。　　　　　　　　　　　　　　　　　　　　⇨ 2.2.F

第 3 章　練習問題（→ p.63 p.64）

問題①　1. 予測符号化（その一種である差分パルス符号変調（DPCM）も可）。

2. エントロピー符号化（その一種であるハフマン符号化も可）

3. 最小可聴レベルとマスキング効果を利用した符号化

4. 分析合成符号

5. 非線形量子化を用いた符号化

問題②　(1) 0 ⇨ 000、3 ⇨ 011、6 ⇨ 110

答　000　011　110

(2) 0 ⇨ 00、3 ⇨ (3 − 1) = 2 ⇨ 10、6 ⇨ (6 − 3) = 3 ⇨ 11

答　00　10　11　　　　　　　　　　　　　　　　　　　　　⇨ 3.1.C

問題③　(1) 0 ⇨ 000、1 ⇨ 001、3 ⇨ 011、6 ⇨ 110

　　　　答　000　001　011　110

　　　　(2) 0 ⇨ 0 ⇨ 0、1 ⇨ 1 − 0 = 1 ⇨ 1、3 ⇨ 3 − {1 + (1 − 0)} = 1 ⇨ 1

　　　　6 ⇨ 6 − {3 + (3 − 1)} = 1 ⇨ 1

　　　　答　0　1　1　1　　　　　　　　　　　　　　　　　　　　　⇨ 3.1.C

問題④　(1) 00 の発生確率　0.8 × 0.8 = 0.64

　　　　01 の発生確率　0.8 × 0.2 = 0.16

　　　　10 の発生確率　0.2 × 0.8 = 0.16

　　　　11 の発生確率　0.2 × 0.2 = 0.04

この場合、下図のように記せる。

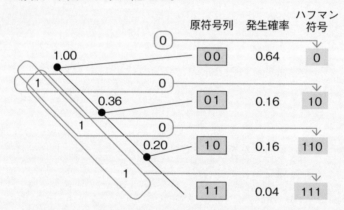

(2) 原符号列とハフマン符号の対応関係は次のとおり。

00 → 0、01 → 10、10 → 110、11 → 111（注：01 と 10 は逆でも正解））　⇨ 3.1.E

問題⑤　00　01　10　00 と 2 ビットずつ区切ってそれぞれ変換すればよい。

　　　　答　0101100　　　　　　　　　　　　　　　　　　　　　　⇨ 3.1.E

問題⑥　00100 を 0 0 10 0 と区切って、逆変換すればよい。

　　　　答　00000100　　　　　　　　　　　　　　　　　　　　　⇨ 3.1.E

問題⑦　f_1、f_3、f_4、f_6　　　　　　　　　　　　　　　　　　　⇨ 3.2.A、3.2.B

問題⑧　すべての量子化ステップ幅が等しい値を持つ量子化のこと。　　⇨ 3.2.D

問題⑨　線形量子化以外の量子化のこと。　　　　　　　　　　　　　　⇨ 3.2.D

問題⑩　たとえば、3.2.E 項の例を挙げればよい。この例では、同じ符号化後のビット数で量子化雑音電力を 37% に低減できている。　　　　　　　　　　　　⇨ 3.2.E

練習問題解答

第4章　練習問題（→ p.100 p.101）

問題①　(a) 間隔あるいは距離、(b) 2　　　　　　　　　　　　　　⇨ 4.1.A

問題②　$1/(100 × 2) = 0.005$　0.005m は 5mm

　　　　答　5 mm 間隔　　　　　　　　　　　　　　　　　　　　⇨ 4.1.D

問題③　標本化すべき空間周波数は 1m 当たり、$500 × 2 = 1000$ 回。縦 2m、横 3m だから、
　　　　$(1000 × 2) × (1000 × 3) = 6 × 10^6$

　　　　答　$6 × 10^6$ 画素　　　　　　　　　　　　　　　　　　⇨ 4.1.D

問題④　2種類の方法それぞれの解答を (1) / (2) / (3) の順に示す。

　　　　方式1：(1)（シーケンシャル符号化方式←この解答は不要）/ (2) 鮮明な画像を
　　　　　　　　上から順に符号化、表示する方式。/ (3) 最初から鮮明な画像を確認でき
　　　　　　　　るので FAX などに適している。

　　　　方式2：(1) プログレッシブ符号化方式 / (2) 最初全体像がある程度わかる画像を
　　　　　　　　表示し、その後徐々に画質を良くしていく方式。/ (3) 早く大まかな画像
　　　　　　　　を確認できるため、画像検索などで便利。　　　　⇨ 4.1.F、4.1.G

問題⑤　(1) $128 = 2^7$　　　　答　7 ビット階調

　　　　(2) $1024 = 2^{10}$　　　答　10 ビット階調

　　　　(3) $2^8 = 256$　　　　答　階調数 256　　　　　　　　　⇨ 4.1.H

問題⑥　単位長さ当たりに存在するドットの数。　　　　　　　　　　⇨ 4.1.I

問題⑦　$(200 × 2) × (200 × 3) = 24 × 10^4$

　　　　答　24 万画素　　　　　　　　　　　　　　　　　　　　　⇨ 4.1.I

問題⑧　$200 × 10^4 × 24 = 48 × 10^6$

　　　　答　$48 × 10^6$ ビット　　　　　　　　　　　　　　　　　⇨ 4.1.K

問題⑨　1. 感度差を利用した高能率符号化：

　　　　人間の目は色の変化より明るさの変化に敏感なため、色の情報を明るさの情報よ
　　　　り長い間隔で標本化する方法。

　　　　2. 予測符号化：

　　　　近く（左上、上、左）にある画素の情報をもとに予測し、予測値と実際の画素値
　　　　との差分などを符号化する方法。

　　　　3. エントロピー符号化：

　　　　よく現れる連続する同符号を短い符号で表す方法。たとえば、白や黒の画素が連

161

続する画像で効果的な方法。 ⇨ 4.2.A 〜 4.2.C

問題⑩　1. 感度差を利用した高能率符号化　　：風景など色が徐々に変化する画像

　　　　2. 予測符号化：色や明るさが徐々に変化する画像

　　　　3. エントロピー符号化：白や黒の画素が連続する画像 ⇨ 4.2.A 〜 4.2.C

問題⑪　(1) $\begin{bmatrix} 8 & -1 & 1 \\ -2 & -1 & 0 \\ 0 & 0 & 0 \end{bmatrix}$

　　　　(2) -1, -2, 0, -1, 1 ⇨ 4.3.B

第 5 章　練習問題（→ p.117）

問題①　フレームとは、動画像情報の中の 1 画面（1 つの静止画像情報）のこと。 ⇨ 5.1.A

問題②　30 フレーム程度 ⇨ 5.1.B

問題③　以下、(1)、(2) を対で記載。

　　　インタレーススキャン：

　　　　　1 行目、3 行目、…と奇数行目の画素の走査を行ったのち、偶数行目の画素の走

　　　　　査を行う方式。

　　　プログレッシブスキャン：

　　　　　1 行目から最終行目まで各行の画像の走査を行う方式。 ⇨ 5.1.C、5.1.D

問題④　$1000 \times 700 \times 8 \times 30 = 168 \times 10^6$　　　答 168×10^6 bit ⇨ 5.1.E

問題⑤　2 次元 DCT を用いた各フレームの静止画像の高能率符号化法、動き補償フレーム

　　　間予測。 ⇨ 5.2.A

問題⑥　以下、(1)、(2) を対で記載。

　　　片方向予測：

　　　　　前の時刻のフレームあるいは後の時刻のフレームの画像情報から予測する方法。

　　　双方向予測：

　　　　　前後のフレームの画像情報から予測する方法。 ⇨ 5.2.B

問題⑦　・Ｉピクチャ：元の信号をそのまま高能率符号化したデータ

　　　　・Ｐピクチャ：前方向予測との差分を高能率符号化したデータ

　　　　・Ｂピクチャ：双方向予測との差分を高能率符号化したデータ ⇨ 5.2.C

問題⑧　Ｉピクチャ ⇨ 5.2.C

162

第 6 章　練習問題（→ p.127）

問題① B ⇨ 1011、E ⇨ 1110

　　　答　10111110　　　　　　　　　　　　　　　　　　　　　　⇨ 6.1.A

問題② 189 = 11 × 16 + 13、11 は 16 進法で B、13 は 16 進法で D。

　　　答　BD　　　　　　　　　　　　　　　　　　　　　　　　⇨ 6.1.A

問題③ 5 は 2 進法で、00000101 と表せる。このため－5 は、

　　　11111010 + 00000001 = 11111011　　　　　　　　　　　　⇨ 6.1.B

　　　答　11111011

問題④ 2 バイトをビット単位で表せばよい。

　　　答　16 ビット　　　　　　　　　　　　　　　　　　　　　⇨ 6.1.E

問題⑤ (1) 4B 41 4E 41 5A 41 57 41

　　　(2) NA は 16 進法表記では 4E 41。この 16 進法表記の 4、E、4、1 をそれぞれ 4 桁の 2 進法で標記すればよい。

　　　答　0100 1110 0100 0001　　　　　　　　　　　　　　　　⇨ 6.1.D

問題⑥　2、3　　　　　　　　　　　　　　　　　　　　　⇨ 6.1.D、6.1.E

第 7 章　練習問題（→ p.148）

問題① 東京、熱海間が 100km なので、確率は 29/100。

　　　答　29%　　　　　　　　　　　　　　　　　　　　　　　　⇨ 7.1.D

問題② 標本化した信号値を量子化するときに生じる雑音。　　　　⇨ 7.1.E

問題③ 7.1.E 項に記した計算式に当てはめて、

$$N_q = v_1^2 p_1 + v_2^2 p_2 + v_3^2 p_3$$　　　　　　⇨ 7.1.E

問題④ $(1/2)^2 = 1/4$

　　　答　1/4　　　　　　　　　　　　　　　　　　　　　　　　⇨ 7.1.E

問題⑤ $(0^2 + 0.1^2 + 0.2^2 + 0.3^2 + 0.4^2 + 0.5^2) \times (1/6) = 0.55/6 = 11/120$

　　　答　11/120　　　　　　　　　　　　　　　　　　　　　　⇨ 7.1.E

問題⑥ 量子化ステップ幅 s の場合、量子化雑音電力 $N_q = \dfrac{s^2}{12}$。ここで $s = 1$ とすればよい。

　　　答　1/12　　　　　　　　　　　　　　　　　　　　　　　⇨ 7.1.E

問題⑦ 信号対雑音比 = 0.2/0.001 = 200

　　　デシベル表示では、

$$10 \times \log_{10}(200) = 10 \times \{\log_{10}(100) + \log_{10}(2)\} \cong 10 \times 2.3 = 23\text{dB}$$　　⇨ 7.2.A

問題⑧　$60/(1 \times 10^6 \times 60) = 10^{-6}$

　　　答　10^{-6}　　　　　　　　　　　　　　　　　　　　　⇨ 7.2.B

問題⑨　2、3、4　　　　　　　　　　　　　　　　　　　　　　⇨ 7.2.C

問題⑩　誤り検出符号：受信符号に誤りのあることを検出できる符号。

　　　誤り訂正符号：受信符号にある誤りを訂正できる符号。　　　　⇨ 7.2.D

第8章　練習問題（→ p.157）

問題①　携帯電話は利用当初、アナログ信号を用いていたため、多種類の情報をまとめて伝えることが困難だった。

問題②　(1) 来訪者の画像情報および音声情報をディジタル信号に変換したのち、電気通信サービスを提供する会社の情報ネットワークを介してユーザのスマートフォンに伝えられ、スマートフォン内で画像情報および音声情報に戻される。

　　　(2) ユーザの音声情報をディジタル信号に変換したのち、電気通信サービスを提供する会社の情報ネットワークを介して来訪者前のインターフォンに伝えられ、インターフォン内で音声情報に戻される。

問題③　(1) 気温、雨量、水量、生育状況把握用映像情報など。

　　　(2) 工業製品の画像情報、圧力情報（ロボットによる製品把持の時に利用）、距離情報（製品までの距離把握に利用）など。

　　　(3) バーコードリーダの情報、QR コードの情報（レジでの読み取りなどに使用）、ポイントカードなどの ID 番号など。

参考図書

[1] 松本伸、小高和己：『マルチメディアビギナーズテキスト第 2 版』、東京電機大学出版局 (2001)

[2] 新田恒雄、岡村好庸、杉浦彰彦、小林哲則、金澤靖、山本眞司：『マルチメディア処理入門』、朝倉書店 (2002)

[3] 古井貞、酒井善則：『画像・音声処理技術』、電波新聞社 (2004)

[4] 谷口慶治編：『画像処理工学　基礎編』、共立出版 (1996)

[5] 成田清正：『例題で学べる確率モデル』、共立出版 (2010)

[6] 植松友彦、松本隆太郎：『基本を学ぶ通信工学』、オーム社 (2012)

[7] 城戸健一：『ディジタルフーリエ解析 (Ⅰ), (Ⅱ)』，コロナ社 (2007)

[8] 今井秀樹：『情報・符号・暗号の理論』、コロナ社 (2004)

　[1]、[2]、[3] はマルチメディアの入門書、[4] は画像工学の基礎を解説した書、[5] は確率の入門と応用の書、[6] はフーリエ変換を含む通信工学の基礎を解説した書、[7] はフーリエ変換や離散コサイン変換について基礎から解説した書、[8] は情報理論、誤り訂正を含む符号理論を体系的に解説した書。

索 引

欧 文

A
AC 係数 ································· 91
ANK コード ························· 125

B
b ··· 18
B ··· 18
bit ······································· 18
byte ····································· 18
B ピクチャ ····················· 113, 114

C
CMYK 表色系 ······················ 83

D
dB ······································ 141
DCT ····································· 90
DCT 係数 ····························· 90
DC 係数 ································ 91
DPCM ·································· 43

F
fps ····································· 104

H
Hz ·································· 25, 26

I
I ピクチャ ······················ 113, 114

J
JPEG ··································· 87

K
kB ······································· 18
KiB ······································ 18

M
MB ······································ 18
MiB ····································· 18
MPEG ································ 109
MPEG-1 ····························· 110

MPEG-2
MPEG-2 ····························· 110
MPEG-4 ····························· 110

N
N ビット階調 ························· 80

O
octet ··································· 18

P
PCM ···································· 16
P ピクチャ ····················· 113, 114

R
RGB 表色系 ·························· 83

S
SNR ··································· 141

和 文

あ〜お
アスキーコード ············· 123, 124
アナログ・ディジタル変換
················· 7, 10, 14
アナログ情報 ························· 8
アナログ信号 ························· 8
誤り検出符号 ······················ 145
誤り訂正符号 ················· 145, 146
インタレーススキャン ··········· 105
動き補償フレーム間予測
················ 109, 112

英数字の符号化 ················· 120
エントロピー符号化 ········· 49, 86
オクテット ·························· 18
音の情報量 ·························· 37
折り返し 2 進符号 ················ 17
音源 ································· 55

か〜こ
解像度 ······························· 81
階調数 ······························· 80
確率 ······························· 133

確率密度 ····················· 134, 135
画素 ························ 66, 67, 68
画素数 ······························· 81
片方向予測 ························· 112
仮動運動 ···························· 105
漢字の符号化 ····················· 120
感度差を利用した高能率符号化法
················ 84, 85
輝度信号 ···························· 83
キビバイト ·························· 18
逆方向予測 ························· 113

キロバイト …………………… 18	双方向予測 ……………… 112, 113	符号誤り率 ……………… 130
空間周波数 ……………… 73, 74		符号化 ………………… 13, 14
空間周波数の単位 ………… 73	**た〜と**	浮動小数点 ……………… 123
携帯端末 ………………… 150	単位 ……………………… 18	フレーム ………………… 104
交番2進符号 ……………… 17	端末 ……………………… 150	フレーム/秒 …………… 104
高能率符号化 …………… 42, 84	チャネル数 ………………… 33	フレーム間差分 ………… 110
高能率符号 ……………… 109	調音 ……………………… 55	プログレッシブスキャン
固定小数点 ……………… 120	ディジタル・アナログ変換 …… 11	………………… 107, 108
	ディジタル信号 …………… 9	プログレッシブ符号化 ……… 78
さ〜そ	ディジタルメディア ……… 6, 7	分析合成符号化 …………… 55
最小可聴値 ………………… 52	ディジタル情報 …………… 9	ヘルツ ………………… 25, 26
雑音 ……………………… 131	デシベル ………………… 141	放射 ……………………… 55
差分パルス符号変調 ……… 43	動画像 …………………… 104	
差分符号化 ………………… 43	動画像の情報量 ………… 108	**ま〜も**
参照フレーム ………… 112, 110	ドット …………………… 81	マスキング効果 …………… 53
残像効果 ………………… 105		マスメディア ……………… 6
サンプリング ……………… 11	**な〜の**	マルチメディア …………… 6
サンプリング格子 ………… 76	2の補数 ……………… 121, 122	メガバイト ………………… 18
サンプリング点 …………… 76	2次元DCT ……………… 90	メディア ………………… 6
シーケンシャル符号化 …… 77	2次元標本化 ……………… 76	メビバイト ………………… 18
色差信号 ………………… 83	2次元離散コサイン変換 …… 88	文字コード ……………… 123
識別値 …………………… 144		文字コード表 …… 120, 123, 124
ジグザグスキャン ………… 93	**は〜ほ**	文字コード体系 ………… 123
自然2進符号 ……………… 17	バイト …………………… 18	モノラル ………………… 33
実数の符号化 …………… 120	ハフマン符号化 …………… 50	
周期 ……………………… 25	パリティビット …………… 146	**や〜よ**
周波数 ………………… 25, 26	パルス …………………… 16	予測値 …………………… 47
周波数スペクトル ………… 29	パルス符号変調 …………… 16	予測符号化 ……………… 46, 86
順方向予測 ……………… 113	ピクセル ………………… 66, 67	
情報 ……………………… 2	非線形量子化 ……………… 56	**ら〜ろ**
情報端末 ………………… 150	ビット …………………… 18	離散化 …………………… 11
信号対雑音比 …………… 141	表色系 …………………… 82	離散コサイン変換 ………… 88
スキャン ………………… 105	標本化 ………………… 11, 14	量子化 ………………… 12, 14
ステレオ ………………… 33, 36	標本化周波数 ……………… 30	量子化誤差 ………………… 34
静止画像 ………………… 66	標本化定理 ………………… 31	量子化雑音電力 ………… 137
静止画像の情報量 ………… 83	標本値 …………………… 11	量子化雑音 ……………… 136
整数の符号化 …………… 120	標本点 …………………… 76	量子化ステップ数 ……… 34, 35
線形量子化 ………………… 56	復号化 …………………… 43	量子化ステップ幅 ………… 34
走査 ……………………… 105	符号圧縮 ………………… 42	量子化テーブル ………… 91, 95
相対頻度 ………………… 134	符号誤り ………………… 130	量子化ビット数 …………… 34

■著者略歴

今井 崇雅（いまい　たかまさ）

1980 年　大阪大学基礎工学部電気工学科卒業
1982 年　大阪大学大学院基礎工学研究科博士前期課程修了　工学修士
1982 年　日本電信電話公社（現 NTT）入社
1992 年　博士（工学）（大阪大学）
2007 年　神奈川大学教授　現在に至る

ファーストステップ マルチメディア
© 2017 Takamasa Imai　　　　Printed in Japan

2017 年 9 月 30 日　　初 版 発 行

著　者　今 井 崇 雅

発行者　小 山　　透

発行所　株式会社 近代科学社

〒 162-0843　東京都新宿区市谷田町 2-7-15
電話 03-3260-6161　　振替　00160-5-7625
http://www.kindaikagaku.co.jp

加藤文明社　　　　　　ISBN978-4-7649-0551-1
定価はカバーに表示してあります．